BIRDS
OF THE YELLOW RIVER DELTA

黄河三角洲鸟类

BIRDS
OF THE YELLOW RIVER DELTA

黄河三角洲
鸟类

刘月良◎主编

中 国 林 业 出 版 社

图书在版编目（CIP）数据

黄河三角洲鸟类／刘月良 主编. －北京：中国林业出版社，2012.9

ISBN 978-7-5038-6740-8

Ⅰ.①黄… Ⅱ.①刘… Ⅲ.①黄河－三角洲－鸟类－画册 Ⅳ.①Q959.708-64

中国版本图书馆CIP数据核字（2012）第215786号

中国林业出版社·自然保护图书出版中心

策划编辑：温晋

责任编辑：肖静　田红

出　　版：中国林业出版社（100009　北京西城区德内大街刘海胡同7号）

网　　址：http://lycb.forestry.gov.cn

电　　话：（010）83280498

制　　版：北京美光设计制版有限公司

印　　刷：北京雅昌彩色印刷有限公司

印　　张：14

字　　数：420千字

版　　次：2013年9月第1版

印　　次：2013年9月第1次

开　　本：880mm × 1230mm　1/32

定　　价：198.00元

编辑委员会

摄影：孙劲松

序

FOREWORD

黄河是中华民族的母亲河，也是世界上泥沙含量最高的河流，在山东省东营市入海。当黄河携带大量泥沙注入渤海，河海相汇，泥沙沉积，在河海动力的双重作用下，诞生了中华人民共和国最年轻的湿地——黄河三角洲湿地。

黄河三角洲被称为“黄河送给渤海湾的礼物”。它主要位于山东省东营市境内。这里不仅孕育着中国暖温带最年轻、最广阔、保存最完整的湿地，还为南迁北往的鸟类提供了理想的迁徙停歇地、越冬地和繁殖地，成为鸟类的乐园，被国内外鸟类专家誉为“鸟类的国际机场”。

黄河三角洲湿地类型多样、资源丰富，在保护鸟类资源方面地位突出。它是东北亚内陆、东亚至澳大利西亚和环西太平洋鸟类迁徙的重要越冬地、繁殖地和停歇地。由于其突出的地位和重要作用，黄河三角洲国家级自然保护区先后被批准加入“中国人与生物圈”、“东亚至澳大利西亚涉禽保护区网络”、“东北亚鹤类保护区网络”。迄今为止，黄河三角洲已发现并记录鸟类种类多达367种。

为了搞好黄河三角洲鸟类资源的保护，黄河三角洲国家级自然保护区的科研工作者、有关教学和科研单位的专家学者、鸟类爱好者对鸟类开展了长期的调查与监测，系统研究了黄河三角洲鸟类的种类、数量、分布、习性，积累了丰富的资料。在总结多年研究成果的基础上，黄河三角洲国家级自然保护区的科研人员编辑了《黄河三角洲鸟类》。这是他们长期努力的结果，凝聚了广大科研工作者、鸟类爱好者的智慧与辛勤努力。这本书从黄河三角洲鸟类的分类地位、形态特征、分布与习性及识别要点等均进行了详细而完整的描述，并辅以清晰、精美的图片，是人们了解当地鸟类资源的一部工具书，具有很高的科学价值。它既可作为科技工作者、学生和鸟类爱好者野外观测鉴别鸟类的手册使用，又可作为科普读物，为读者更好地了解鸟类、识别鸟类、研究鸟类提供有益帮助。

我很高兴看到《黄河三角洲鸟类》这样精美且具有重要价值的鸟类专著出版发行，对编者们长期热衷鸟类保护事业并做出了重要成绩表示祝贺。同时，借本书出版之际，我希望更多的人能够热爱鸟类、研究鸟类、宣传鸟类、保护鸟类，并期望越来越多的人加入到爱鸟、护鸟行列中来，为我国的鸟类保护事业贡献一份力量。

中国工程院院士　东北林业大学教授　马建章

2013年8月16日于东北林业大学

前言

PREFACE

鸟类是人类的朋友、大自然的眼睛、湿地的精灵、森林的卫士。它们与人类和谐共存，相互为伴，共同组成了丰富多彩的生命世界。

黄河携带大量泥沙注入渤海，河海相汇，泥沙沉积，形成中华人民共和国最年轻的土地——黄河三角洲。黄河三角洲湿地资源丰富，生态系统独特，生态环境优越，是东北亚内陆、东亚至澳大利西亚和环西太平洋鸟类迁徙路线上非常重要的越冬地、繁殖地和停歇地，被誉为“候鸟的国际机场”、“珍禽的乐园”。

为了保护好湿地资源及环境，保护黄河三角洲地区的生物多样性，1990年12月，东营市人民政府批准建立了黄河三角洲自然保护区，1992年10月，经国务院批准晋升为国家级自然保护区，它是我国暖温带最年轻、最广阔、保存最完整的湿地类型自然保护区。自然保护区建立以来，科研人员对鸟类开展了长期的调查监测和科学研究工作，系统掌握了黄河三角洲鸟类的种类、数量、分布、习性和迁徙规律。在此基础上，科研人员用3年多的时间，对多年研究成果进行了系统研究整理，编辑完成了《黄河三角洲鸟类》一书。该书共记录野生鸟类19目64科367种，精选鸟类野外摄影照片830余幅，详细介绍了鸟类分类地位、形态特征、分布范围、生态习性等内容，并对鸟类野外识别要点进行了描述。它图文并茂，内容丰富，是教学和科研工作者研究鸟类的重要参考资料，又是广大观鸟爱好者认识鸟类的专业工具书。

本书是黄河三角洲自然保护区广大科研人员和管理人员多年研究

成果的集结，它的编撰出版也凝聚了许多专家、学者及鸟类爱好者的心血。东北林业大学马建章院士在黄河三角洲自然保护区建立伊始便十分关心自然保护区的建设和发展，当得知本书编撰出版时更是欣然作序；北京师范大学张正旺教授、东北林业大学李晓民教授担任本书编辑的技术顾问，对本书编辑工作给予了细致指导，提出了宝贵意见；北京林业大学、山东大学、全国鸟类环志中心等教学科研单位的专家学者对本书的编辑出版给予了大力帮助，提供了研究资料；全国70多位鸟类摄影爱好者提供了2000余幅精美的鸟类照片，对本书的编辑出版给予了积极支持。在此，对为本书编辑出版给予大力帮助和积极支持的领导、专家、学者和广大鸟类爱好者表示衷心感谢！

鉴于编者水平所限，书中错误在所难免，敬请批评指正。

编者

2013年8月18日于山东东营

目 录

CONTENTS

摄影：刘月良

概述

INTRODUCTION

一、黄河三角洲概况

黄河三角洲是我国的三大三角洲之一，位于山东省东北部，包含滨州市一部分区域，主要在东营市境内，是1855年黄河在河南铜瓦厢决口夺大清河河道入渤海以来，由黄河泥沙淤积，填海造陆所形成的一片新生陆地。在这个洲面上，黄河尾闾河段的摆动，在自然条件下遵循淤积、延伸、摆动、改道的规律，横扫三角洲洲面，循环往复使洲面面积不断扩大。现在讲的黄河三角洲一般是指黄河1855年以来所形成的近代黄河三角洲，河道摆动的顶点在东营市垦利县的宁海附近，北起套尔河口，南到支脉河口的扇形区域，面积约为6000平方千米。

2013年5月30日卫星影像图

黄河是中华民族的母亲河，又是世界上泥沙含量最高的河流，在山东省东营市注入渤海。由于黄河含沙量高，年输沙量大，在河海动力的相互影响下，巨量的黄河泥沙在河口附近大量淤积，填海造陆，不断形成新生陆地。黄河河口位于渤海湾与莱洲湾之间，是一个陆相弱潮强烈堆积性的河口，其特点是水少沙多、洪峰陡涨陡落，海洋动力较弱 、潮差小、感潮段短，泥沙堆积性强，摆动改道频繁。据水文资料记载，黄河河口多年平均径流量4.2×10^{10}立方米，多年平均输沙量1.2×10^{12}千克，多年平均泥沙含量为25.4

千克/立方米。由于潮流弱，搬运能力差，使约40%的入海泥沙在河口和滨海区沉积，平均每年以2~3千米的速度向渤海推进，形成大片的新增陆地，面积逐年增加。

摄影：刘月良

黄河三角洲湿地是由黄河携带大量泥沙入海，在黄河独特水沙条件和渤海弱潮动力环境的共同作用下形成的，是我国温带最广阔、最完整和最年轻的湿地生态系统，是我国具有重要保护价值的生态区域和河口景观。黄河三角洲湿地类型多样，面积广阔，资源丰富，各类湿地总面积61.86万公顷，其中近海与海岸湿地31.62万公顷，河流湿地5.67万公顷，沼泽湿地8.53万公顷，人工湿地16.04万公顷。

摄影：孙劲松

黄河三角洲地处中纬度，位于暖温带，背陆面海，受欧亚大陆和太平洋的共同影响，属于暖温带季风气候，四季分明，年平均降水量560毫米，年平均气温12.3~12.8℃，年平均无霜期212天，年平均风速3.1~4.6米/秒，年平均日照时数为2738.6小时，年平均太阳总幅射量为534.4兆焦耳/平方米。

二、鸟类资源概况

黄河三角洲鸟类资源丰富，又处在鸟类迁徙的重要通道上，是东北亚内陆、东亚至澳大利西亚和环西太平洋鸟类迁徙的重要越冬地、繁殖地和停歇地，被国内外鸟类专家誉为“鸟类的国际机场”。据资料记载，早在1673年韩文焜编辑的《利津县新志》中就记载了鸟类25种。1959~1981年，柏玉崑、纪加义对山东鸟类进行了初步调查。1959~1985年，纪加义、于新建等对山东珍稀野生动物进行了调查。1986~1991年，赛道建等对黄河三角洲地区鸟类开展过调查工作，记录鸟类160种。1995年，赵延茂等综合整理了有关黄河三角洲自然保护区考察、研究资料，记录了鸟类265种。1996~1999年，贾建华、田家怡对黄河三角洲湿地鸟类开展了调查，共记录鸟类199种，隶属16目38科。1996~1998年，田家怡以文献资料分析和野外调查相结合的方式，开展“黄河三角洲鸟类多样性研究”，记录鸟类272种，隶属17目47科。

为加强黄河三角洲湿地的保护，东营市人民政府于1990年12月批准建立了黄河三角洲市级自然保护区，于1991年11月被山东省人民政府批准为省级自然保护区，于1992年10月被国务院批准为国家级自然保护区。自然保护区的建立为湿地和鸟类的有效保护创造了良好的条件，鸟类种类和数量不断增加。自然保护区建立以来，自然保护区科研人员对鸟类开展了连续的调查监测和系统研究。随着调查研究的深入，不断有新鸟种发现。1990年自然保护区建区时，记录鸟类187种；1995年综合科学考察时，记录鸟类265种；2000年野外调查时，确认鸟种283种；2005年，确认鸟种296种。截至目前，调查确认鸟类为367种，其中国家一级保护鸟类12种，国家二级保护鸟类51种。

三、鸟种的确认

鸟类分类的理论不同，分类的系统也不同。主流的分类系统有两种：一种是根据1990年Sibley 和Monroe以DNA为基础的分类系统；另一种是根据1991年Howard 和Moore的分类。利用不同的分类系统分类，鸟类的目、科、属归属有所不同，鸟种也有差异。

鸟种的确认有形态学和分子生物学两种主要方式，不同的书籍所统计的中国鸟类种类有不同，发现新的鸟种，亚种提升为种或不同的分类系统等都可能会导致中国鸟类总种类的变化。1987年郑作新主编的《中国鸟类区系纲要》中记载了中国有1186种鸟种（及亚种）；1996年台湾翠鸟文化事业有限公司出版的《中国野鸟图鉴》中记载有鸟种1253种；2000年郑作新的著作《中国鸟类种和亚种分类大全》中记载有鸟种1244种和944亚种；2000年马敬能等著的《中国鸟类野外手册》中记载有鸟类1329种；2005年郑光美主编的《中国鸟类分类与分布名录》中记载有鸟类1332种（2261种及亚种）；2010年《中国观鸟年报—中国鸟类名录》中最新的鸟类统计为1417种；2011年第二版《中国鸟类分类与分布名录》中收录24目101科1371种（2304种和亚种）。

黄河三角洲鸟种的确定有三种途径：一种是野外观察目击记录；二是鸟类存在的直接证据，如照片或救护的鸟类等；三是资料记载。在确认黄河三角洲鸟种方面，本书因前两种途径能提供直接证据而采用。对于资料记载而没有直接证据的鸟种，我们以谨慎的态度对待，对鸟种不录入或录入后做出说明（如黄嘴白鹭、中白鹭虽有记录，但在多年观察中未观察到或无照片证实，本书没有录入）。从野外观鸟的经验来看，直接证据更值得可信，如在《中国鸟类野外手册》中此区域无黑翅鸢的分布，而在笔者实际调查中黑翅鸢一年四季皆在，数量还相当普遍，并有大量照片为证。

本书编写以2011年郑光美主编、科学出版社出版的《中国鸟类分类与分布名录》第二版为依据，在鸟种排序、鸟名等与之对应，最后确认黄河三角洲鸟类367种，隶属于19目64科。

四、鸟类的生境

黄河三角洲鸟类生境主要有如下几种。

浅海滩涂　黄河三角洲海岸线长达588.9千米，浅海滩涂面积广阔。潮汐定期涨落，在潮汐淹没的区域（潮间带）分布有大量底栖生物，这些底栖生物是众多水鸟的食物来源。此环境中的潮沟、河口及地势低洼处的长期积水区域生物生产力丰富，是鸟类的集中分布区。在此生境中的鸟类主要是鸻类、鹬类、鹭类、鸥类、鸬鹚类、雁鸭类、鹤类等。

摄影：刘月良

河流 黄河三角洲河流除黄河外，还有小清河、广利河、支脉河、淄河、小岛河、永丰河等诸多河流，这些河流盛产鱼、虾等水生动物，水底长有大量水草，河滩周围长有大量湿生植物，是鸟类理想的栖息环境。在此生境中的鸟类主要有雁鸭类、鸥类、燕鸥类、䴙䴘类、秧鸡类等，在河滩宽阔的区域有时分布有鸻类、鹬类、鹭类、鹤类等。

摄影：丁洪安

芦苇沼泽 此类在黄河三角洲地区分布甚广，面积广阔。此环境景观完整，破碎化程度低，人为干扰少，同时受微地形因素的影响形成了不同水深梯度的沼泽湿地，鸟类多样性丰富，是鸟类种类、数量最为集中的区域。在此生境中的鸟类主要有鹤类、鹳类、雁鸭类、鸥类、燕鸥类、䴙䴘类、秧鸡类、鸬鹚类、鸻类、鹬类、鹭类等。

摄影：刘月良

水库及周围沉沙池 黄河是当地主要的客水来源，为存贮淡水资源来满足工农业生产及人类生活的需求，在黄河三角洲修筑了大量水库，许多水库面积广阔，鱼、虾丰富，有的长有水草。由于每年需要引入黄河水，为了防止黄河泥沙对水库造成淤积，在水库周围一般都有面积较大的沉沙池，形成了库塘、芦苇沼泽等生境类型。在此生境中的鸟类主要有天鹅类、鸭类、鸊鷉类、鹭类、鸥类、鸻类、鹬类、秧鸡类、鸬鹚类等。

摄影：刘月良

人工池塘 此类生境常同其他生境相混杂，呈斑块状分布，面积或大或小，以水产养殖、村庄饮水等为利用目的，水边长有芦苇、香蒲等湿生植物，水中长有狐尾藻、眼子菜等沉水水生植物，常露浅滩的环境中鸟类最为丰富。在此生境中的鸟类主要有鸭类、鸊鷉类、秧鸡类、鸻类、鹬类、鹭类等。

盐池及海产养殖池 由于近海，当地依靠近海开发的盐业及海产养殖产业非常发达，盐池及海产养殖池成片大面积分布。在此生境中的鸟类主要鸻类、鹬类、鹭类、鸥类、鹤类等，常成群集中于少数区域。

农田 耕作方式对鸟种影响很大。耕作冬小麦、大豆的农田会成为雁类、鹤类、大鸨、天鹅等鸟类的越冬觅食地。水稻田在引注水期会集聚成群的鸻类、鹬类、鹭类等。农田及周围的荒地是小型鸟类如灰椋鸟、三道眉草鹀等的繁殖地，还是家燕、金腰燕、须浮鸥等食虫鸟类的取食地。

草地 面积广袤、人为活动较少的草地在冬季分布着大鸨、云雀、百灵等越冬鸟类，春季迁徙期有大群小杓鹬在此栖息，夏季是众多雀形目鸟类的重要繁殖地。

林地 此类生境以人工林和天然林为主，包括公园、苗圃、绿化树等环境。在单一的林地环境，鸟种相对少；而在多种生境混杂的林地，鸟种相对丰富。黄河三角洲地区林地相对其他地区的林地结构较为单一，但对于沿海迁徙的林鸟来说，林地是其迁徙的重要停歇点，随季节变化林鸟种类丰富。在此生境中的鸟类主要有鸣禽、鸠鸽类、啄木鸟类、猛禽类等。

灌木林 此类生境主要有为柽柳灌丛，是天然的海岸灌丛，一般分布在近海地势平坦的滩涂等。灌木林主要分布有雀形目鸟类和猛禽等。

五、重要观鸟点

1. 山东黄河三角洲国家级自然保护区

山东黄河三角洲国家级自然保护区位于山东省东营市黄河入海口处，是以保护黄河口新生湿地生态系统和珍稀濒危鸟类为主体的湿地类型自然保护区，总面积15.3万公顷。自然保护区东邻渤海，黄河自自然保护区内入海，形成了多种生境类型，如近海滩涂、芦苇沼泽、河流等。这些生境景观完整、生态原始、人为干扰少，是众多鸟类集中的区域。10月中下旬至11月中旬是秋季候鸟南迁集中停歇期，鹤、鹳、雁、鸭、鸥等种类、数量均较多，是比较理想的观鸟期；11月下旬至翌年3月上旬，主要是越冬的雁、鸭、天鹅类及灰鹤、丹顶鹤、东方白鹳等；3月上旬至5月上中旬，是春季候鸟北迁集中停歇期，鸻、鹬、鹭、鹤、鸥类等种类、数量均较多；6~10月，鸻、鹬、鸥类等相继迁徙，部分夏候鸟在此繁殖，在此期间鸟类数量相对分散。

2. 天鹅湖及其周边沉沙池

天鹅湖原名广南水库，位于东营市东营区东部广利河南岸滨海地带，距东营市东城和西城分别为15千米和40千米。天鹅湖库区南北长8千米，东西宽5千米，总面积近40平方千米，堤坝总长71千米，设计库容1.14亿立方米，是全国最大的平原水库。为了沉降黄河泥沙，在天鹅湖周围修建了大面积沉沙池，形成了芦苇沼泽、库塘等生境类型。11月下旬至翌年3月上旬，有数量众多的雁、鸭、天鹅在此越冬，是集中观鸟时期；3~10月，有数量众多的鸥类、骨顶鸡及鹭类，其中4~7月，主要有白额燕鸥和普通燕鸥等，在湖中小岛及周围生境中繁殖。

3. 沿海防潮大堤

为防止海潮侵蚀，东营市沿近海滩涂修筑了防潮大堤。防潮大堤总长200千米，南自广利河，北至黄河建立了城东防潮堤和垦东防潮堤，自黄河向北至东营港建立了孤东防潮堤。防潮大堤外侧为近海滩涂，内侧为盐池及海产养殖池。3月中旬至5月上旬及8月中旬至11月中旬，鸟类数量较多，主要以鸻、鹬、鸥类、鹭类为主。近海滩涂面积广阔，鸟类较为分散，在入海河道、潮沟、河口及水浅的海产养殖池等生境，鸟类相对集中。

4. 河口区北苇场

河口区北苇场观鸟点位于东营市河口区北部约20千米外，主要为芦苇沼泽生境，在其西侧有大面积水产养殖池，北侧有挑河入海。10月下旬至11月中旬，雁鸭类及灰鹤、丹顶鹤较多，有时可见白鹤。11月至翌年3月，主要为越冬雁鸭类、灰鹤等，3~5月，鹭、鸭、鸻、鹬、鸥及鹳类常见。

5. 徒骇河河口及周边湿地

徒骇河河口及周边湿地位于滨州市沾化县境内，徒骇河流经山东、河南、河北三省，共14个县（区），河道全长436千米，向北注入渤海，其中徒骇河河口及周边湿地是生物生产力较高的区域，鸟类比较集中。生境类型主要是泥质滩涂、盐池，常见鸟类为鸻、鹬、鸥类。

6. 沿黄河周围林地及湿地

1855年黄河在河南省铜瓦厢决口夺大清河道注入渤海以来，其下游受河道淤积作用尾闾平均10年有1次较大改道，形成多条黄河故道，地貌呈叉指状交错，形成高低相交的微地貌。在黄河及其河道周围，生态环境比较原始，人为活动较少，同时受黄河行水及人工引水的影响，分布有多处芦苇沼泽、池塘、水域等生境。分布在此生境中的鸟类有猛禽、鸣禽及雁、鸭、鹭等。

7. 广利－支脉河口至清河河口

广利－支脉河口至清河河口观鸟点位于山东省东营市东营区，与广饶县接界，此处有广利河、支脉河、清河等多处河流入海，滩涂广阔，底栖生物丰富，同时河道两侧有大面积盐池、鱼塘、芦苇沼泽等生境，在涉禽迁徙路线上是其重要的迁徙停歇点。主要鸟类有鸻、鹬、鸥、雁、鸭等。

8. 分散的观鸟点

黄河三角洲面积大，区域广泛，除上述较集中的观鸟点外，分散的观鸟点也会有理想的观鸟效果。在近海滩涂中的河口、潮沟、盐池等地鸟类较为集中，如东营市河口区新户乡大北油田附近有黑嘴鸥集中繁殖地，在迁徙期鸻、鹬、鸥类数量也较多。公园、苗圃或居民区、村庄附近也有较多种类的雀形目鸟类、猛禽等，特别是在沿海区域的小树林中，由于许多雀鸟沿海迁徙，在此迁徙停歇的鸟类种类也相当丰富。当地观鸟者较为推崇的观鸟点如河口区仙河镇五号桩、黄河故道刺槐林、利津县刁口乡沿海滩涂等都被当地观鸟者作为“自留地”长期定点观测，这些地方的雀形目鸟类非常丰富。

六、野外观鸟技巧

观鸟是指在自然环境中利用工具在不影响野生鸟类正常生活的前提下观察和观赏鸟类的一种户外活动。野外观鸟需要相关设备及鸡鸟技巧。

1. 观鸟工具

望远镜

望远镜的作用是将远距离的野鸟拉近，便于观察。野鸟一般距观察者有一些距离，这需要我们借助于高清晰的望远镜。观鸟对望远镜要求尤其是光学质量要求最为苛刻。观鸟望远镜代表了当今望远镜制造的水平，是顶级的望远镜之一。

双筒望远镜

在观鸟中，常用的设备是双筒望远镜和单筒望远镜。双筒望远镜操作灵活、轻便，可迅速锁定目标，对于观察林鸟或生性活泼的鸟类适用；单筒望远镜须配备三角架、云台等设备，能观察更远的距离，在观察水鸟或无法做近距离观察时更为适用，但较重，野外携带不便。观鸟者可根据观鸟的对象、区域或鸟类所处的环境选择不同的观鸟设备。当然，对一个有强烈兴趣的观鸟爱好者，常常配备单筒望远镜和双筒望远镜，这并不是重复投资，而是结合两者的利弊来得到最佳的观鸟效果：用双筒望远镜首先锁定目标，然后用单筒望远镜进行更为细致的观察。

单筒望远镜

单筒望远镜
附加数码相机

摄影器材

借助于必要的摄影器材，可以记录下野鸟的真实生态图像，便于鸟类的识别。

如果对图片质量要求不高，单筒望远镜附加上便携式数码相机和镜头接环拍鸟是个理想选择，这可以兼顾拍鸟和观鸟的双重乐趣，并且投资最为经济，但图片质量较差，仅能满足记录和识别鸟种。

摄影器材

对于鸟类摄影爱好者来说，数码相机、中距离镜头和超远镜头是必需的选择。这些设备价格昂贵，可以获得清晰的野鸟图像。

鸟类图鉴

好的图鉴能清晰地表现出鸟类的显著特征，提供鸟类识别最直观的信息，便于野外快速查找、核对鸟种。

鸟类图鉴有手绘和图片两种形式，两者各有利弊。手绘采用鸟类的侧面姿势，能表现鸟类的典型特征，但不能给予直观的生态学信息，并且鸟类生长过程中形态的信息一般不能完全提供；以图片为基础的图鉴虽然能有效地表现鸟类的生态学信息，但受拍摄角度的影响，鸟类的特征有时不能表现出来。

需要说明的是鸟类的多样性及个体间的差异，有时仅凭借几本图鉴并不能完全准确地识别，重要的是需要大量的野外锻炼及观鸟经验的积累。

鸟类图鉴

记录本

用记录本可以记录下观鸟时的相关信息。

当遇到不确定的鸟种时，利用笔记本记录下所观察的鸟类特征，或画一个简单的草图，并在草图上标注出鸟类特征，可以便于以后利用鸟类图鉴核对鸟种，加强识别鸟种的能力。在开展相关的鸟类研究时，可以根据研究目标事先设计好野外调查表格，收集相关信息。

在观鸟过程中，随时记录鸟类种类、数量、地点、环境、时间等基础信息是个良好的习惯，这不仅有助于加深对鸟类的了解，还可以为鸟类研究提供有价值的信息。

2. 识别鸟种

野外观鸟的基本目标是识别鸟种。野外观察到的信息都可以帮助识别鸟种，其中鸟类的外形特征、行为及环境是野外识别鸟种的主要依据。

外形特征

① 体型大小。图鉴大都给出了鸟类的体长及翅长说明。在野外观鸟过程中，虽然无法确认鸟类的确切体长数据，但图鉴中给出的体型描述可以给出大体的判断，如猛禽的体型明显大于鸣禽。

② 体型特征。鸟类体型给出鸟类轮廓的外形特征或剪影，这在判定某些鸟类时很有帮助，如鹭类在休息、飞翔时颈部呈“S”形，游禽游泳的姿势有很大差异等。

③ 嘴形及脚形。嘴、脚与鸟类的食性密切相关，有的鸟种有独特的形状，而且特征相对固定，在确认鸟类、识别鸟种时是重要依据。

④ 翅及尾。鸟类被羽、善于飞翔是区别于其他动物的典型特征。鸟类的

翅用于飞翔，尾用于控制方向。不同的鸟类的翅、尾形状各不相同，并与其行为相适应，如鸣禽翅宽圆而尾长，这样可以使鸟快速起飞、转向。

⑤ 羽色。在鸟类成长的过程中，雏鸟、幼鸟、亚成鸟、成鸟可能体色有差别，有的种类雄、雌有差别，有的冬羽和夏羽也不同。

⑥ 体斑。包括头部的冠纹、侧冠纹、眉纹、颊纹等及上体、下体的纵纹、横纹等，这些体斑的大小、形状、位置、颜色等在确认鸟种时是重要依据。

行为特征

行为特征包括觅食、休息、摆尾、飞翔、行走、鸣叫等动作行为的特征。

环境信息

不同的鸟类依赖不同的生态环境，不同的生态环境中存在相应的鸟类。根据其环境可以粗略判定鸟类是否在某种环境中出现，或在某种环境中可能存在某些鸟类。根据环境信息，可粗略地将鸟类分为两大类：生活在森林、草原等生境中的林鸟和生活在湿地环境中的水鸟。依据行为与环境的关系，可更进一步将鸟类分为不同的六大类，即游禽、涉禽、攀禽、陆禽、猛禽和鸣禽。另外，根据环境与形态的相似性，可将鸟类分为不同的鸟类类群，如水鸟常见的类群有：鹬鹛类（所有鹬鹛）、鹳鹤类（鹳和鹤）、鸥类（所有鸥类）、鹭类（鹭、鳽）、雁鸭类（雁、鸭）、秧鸡类（秧鸡科鸟类）、鸻鹬类（全部鸻形目鸟类）、鸠鸽类（全部鸽形目鸟类）、琵鹭类和天鹅类。类群是个相对的概念，根据对鸟类相似性的认识可划分不同层次，如猛禽类可粗略划分为夜行性（鸮形目）和昼行性（隼形目）两类，昼行性猛禽又可分为鹗、雕、鹰、鸢、鹞、鵟、鹫等类群。

3. 观鸟的技巧

了解鸟类的身体结构与名称

鸟类的身体结构及各部分的名称对于观鸟者应该熟悉了解，这些基础知识对于识别鸟种大有帮助。一是可以查阅相关的鸟类图鉴，看懂特征描述文字，了解识别鸟类的详细信息，帮助识别鸟种；二是可以同有经验的观鸟者交流，提高观鸟水平；三是对于野外不认识的鸟种，可以将关键部位、特征，做好标记、描述，便于今后查阅资料确认鸟种。

对比与归纳

把有相似外形特征、习性、环境的鸟类归为一类，总结出这类鸟区别于其他鸟类的特征，然后在同一类中再进一步通过细节的对比来区别鸟种。另外，可以把不同类中外形相似的鸟种有意识地放在一起对比，总结出不同鸟种的相同之处和细小差别。

在野外识别中，可以按照生态型—鸟类类群—鸟种的层次方式逐步确认到鸟种，这也是一种对比与归纳方法的运用，这个过程是逐步缩小鸟种范围，最终确认鸟种的过程。我们可以把“鸟类类群”这一层当作“鸟种”来认，这样就把多种多样的鸟种分为少数的几类。例如，当观察到有“嘴长、颈长、脚长”特征、生活在湿地环境的鸟类时，可以先初步认定是“涉禽”，然后从“涉禽”这一类群中识别到具体的分类是鹤类、还是鹭类，再具体分到鸟种。

认准标识

标识是某一鸟种区别于其他鸟种的独特的外形特征或行为，是确认鸟种及区别其他鸟种的一种或几种鸟类典型特征的组合。因为标识具有独特性，可以直接确认到鸟种，在识别鸟种中十分重要。例如，嘴长形如勺的为白琵鹭或黑脸琵鹭，通过脸部黑色斑块的区别可在这两种中进一步确认到具体的鸟种。一个高效而准确的识别鸟种的方法就是找准鸟类的标识，并对这些标识熟悉。寻找、确认标识贯穿于观鸟的整个过程，也是确认鸟种的重要依据。

学习与交流

在野外观鸟中，有经验的鸟友会给我们带来诸多有益的启发，他们的观鸟习惯、观鸟要点对我们学习观鸟大有帮助。高超的观鸟者凭直觉就能准确识别鸟种，这种直觉是观鸟经验的结晶。

网络论坛给众多观鸟者提供了便利的平台，摄影爱好者拍摄的照片提供了认鸟的精彩素材，这些素材消除了观鸟时间、空间的限制，极大地满足了观鸟的欲望。同时，我们也会在鸟类识别交流中获得有益的鸟类知识。

当然，兴趣是最好的老师，它让我们持之以恒，乐此不疲。

4. 鸟类与环境的关系

长期的生物进化使鸟类的形态、行为与它们的生活环境相适应，而鸟类的生活环境也会影响到鸟类的形态、行为，两者间的相互作用揭示了有趣的自然密码。通过鸟类的形态、行为可以揭示环境的秘密，而在不同的环境中甚至可以预测某些鸟种是否可以出现。

食物、水、隐蔽物及人为干扰是鸟类生存的四大要素。食物、水保证了鸟类新陈代谢的基本生存需要；隐蔽物及人为干扰影响了鸟类生存的心理需要。鸟类的嘴形、脚形与食物紧密相关，是生物进化与生态适应相互作用的结果。鸟类的翅形和尾形与飞翔相适应，不同类型的鸟类其翅形、尾形有较大差异。

单一的环境中可能出现的鸟类的种类相对单一，原因是这种生境不能满足多种鸟种生存的基本要求，而多种生境的交错地带鸟种可能会更多。例如，在草地、农田与树林的交错带，鸟种比单一的农田或树林中多。

在观鸟过程中，了解并思索这种有趣的相互关系会给我们带来些意外的生态学知识，让我们体验大自然的神奇魅力，感叹丰富的生物多样性。同时，这种关注对我们树立良好的人生观有重要启发，它让了解自然、关注生态、保护鸟类成为自觉行为，成为我们观鸟活动的行为准则。

七、本书使用说明

1. 文字信息

鸟种　以中文名、英文名和拉丁名给予明确，某些鸟种在不同的书籍中可能中文名和英文名会有所不同，或者亚种提升为种，在这种情况下可借助于拉丁名进一步确认。

体长　如白头鹎 L17，其中 L 为体长标记，17表示体长为17厘米。

居留型　分为5个类型，即留鸟——在当地繁殖，一年四季可见，不迁徙；夏候鸟——春季迁至本地，并在当地繁殖，秋季南迁；冬候鸟——秋季迁至本地，并在本地越冬，春季北迁；旅鸟——在迁徙途中，在本地短暂停留或经过本地，常出现在春秋两季或不定期出现；迷鸟——在迁徙途中，因意外因素影响而迁至分布区外。需要说明的是某些鸟种居留的确认非常困难，需要更长时间的监测观察，特别是“旅鸟”在笔者未有更确切的观察记录之前暂且保留，在将来有可能会进一步细分。

记录频度 以最近5年的野外观察为基础分为常见、易见、少见、稀有、罕见、历史记录6个级别进行评估，分别用6个符号代表相应的意思。●●●●●：在5年中每年都有野外观察记录；●●●●○：在5年中有4年有野外观察记录；●●●○○：在5年中有3年有野外观察记录；●●○○○：在5年中有2年有野外观察记录；●○○○○：在5年中有1年有野外观察记录；○?：分布区有或历史记录有而没有野外观察记录。这种评估需要大量细致精确的观察和长时间的积累，本书每种的标注未必准确，但可给读者一个野外观察到鸟种可能性的大概信息。

分类地位 按目、科、属、种的级别进行分类，在本书中到属这一级别是因为在属这一级别鸟种的相似性更准确些。

形态特征 按头部、上体、下体、尾、脚的顺序进行了描述，这种描述与观鸟者观察的习惯顺序或观察的重点相对应，以便观鸟者更容易阅读。需要说明的是，本书并未描述鸟种所有的具体细节，而是把能表现识别鸟种的关键标识给予了详细描述，这样可以依据特征的描述确认出鸟种。

分布与习性 对鸟种在黄河三角洲地区的分布生境及生态习性进行说明。

识别要点 把有相似外形特征、生态习性的鸟种归在一起进行比较，说明不同鸟种间如何区别。这一部分可以是识别特征部分的补充。相似种的选择没有限定在黄河三角洲鸟种而是以中国的鸟种为主，这样做可以把有相似性的鸟种通过对比的方法更好地确认。

2. 图片信息

本书所选鸟种的图片以能反映鸟种典型特征、反映鸟类生境为标准。如果鸟种有雌、雄，成、幼，夏羽、冬羽差别，尽量把这些差异的特征表现出来。当然，鸟种存在个体的差异，亚种也有细微的区别，如果把这些差异收集好将是本相当厚重的书籍。一个折中的方法就是在大量鸟类图片中选择能表现典型特征的图片来说明，本书中所采用的图片也是这种折中方法的结果。

3. 鸟类的结构与名称

如“观鸟的技巧”中所述，了解鸟类的结构与名称对于观鸟者大有帮助，观鸟者对此应有所熟悉。

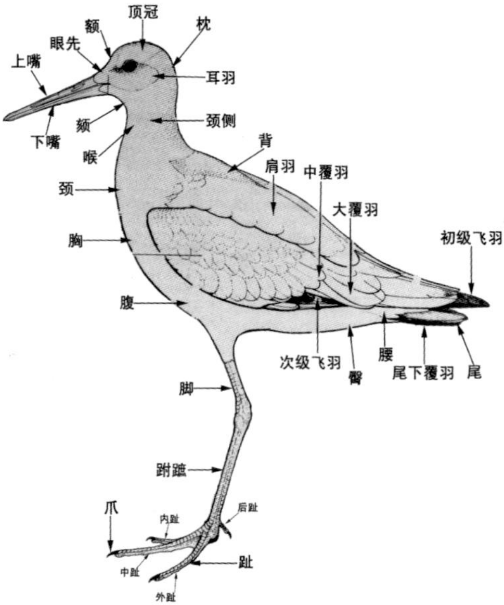

鸟的结构（引自*Shorebirds: An Identification Guide to the Waders of the World*）

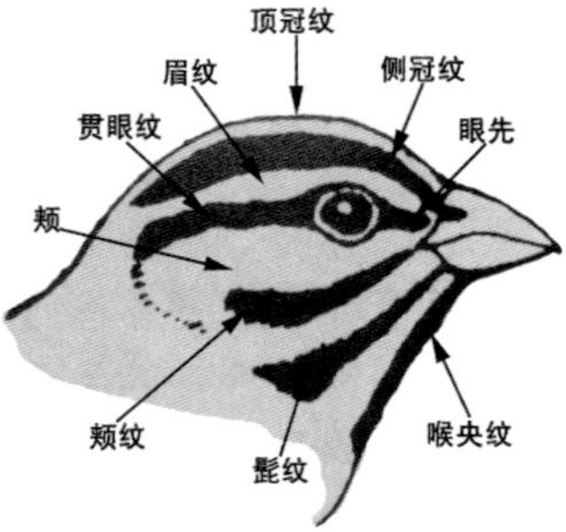

鸟的头部（引自《中国野鸟图鉴》）

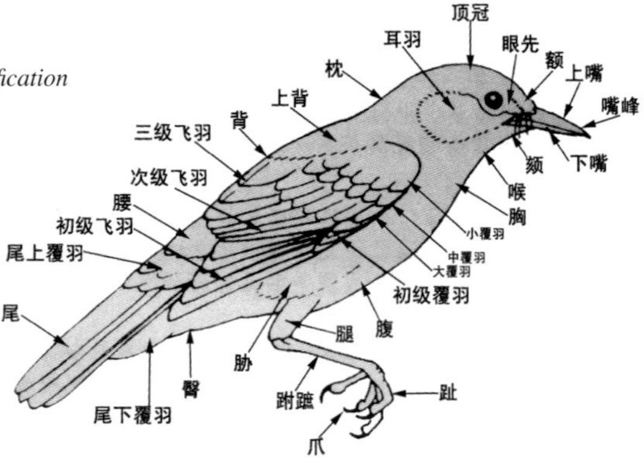

鸟的结构（引自《中国野鸟图鉴》）

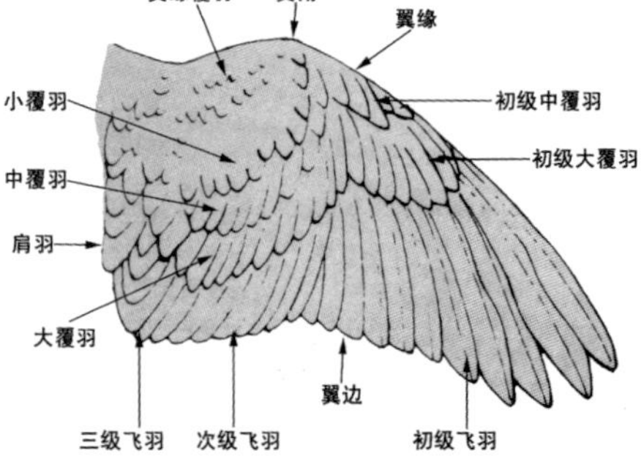

翼羽结构（引自《中国野鸟图鉴》）

4. 常用术语

留鸟 全年在当地生活，春秋不进行长距离迁徙的鸟类。

夏候鸟 春季迁徙来此繁殖，秋季再向越冬区南迁的鸟类。

冬候鸟 冬季来此地越冬，春季再向北方繁殖区迁徙的鸟类。

旅鸟 春秋迁徙时旅经此地，不停留或仅有短暂停留的鸟类。

迷鸟（包括偶见种） 迁徙时偏离正常路线而到此栖息的鸟类。

成鸟 性成熟，具有繁殖能力的鸟。

亚成鸟 第一次换羽后至成为成鸟之间的鸟。

幼鸟 离巢后至第一次换羽之间的鸟。

雏鸟 孵化后至羽毛长成之间的鸟。

夏羽 春夏季繁殖期间换上的羽，又称繁殖羽。

冬羽 繁殖期过后所换的新羽，又称非繁殖羽。

贯眼纹 穿过眼部的纹线。

眉纹 眼上方纹线。

顶冠纹 头顶中央的纹线。

侧冠纹 顶冠纹下方眉纹上方的纹线。

眼先 眼睛前部的纹线、斑块或裸区等。

颊纹 接嘴裂的纹线。

颚纹 接下嘴的纹线。

喉纹 在喉部中央的纹线。

5. 如何使用本书

物种所属“目”的标识

THE BIRDS OF YELLOW RIVER DELTA
黄 河 三 角 洲 鸟 类 | 202

照片

照片注释/摄影者

夏羽 / 摄影：陈建中

冬羽 / 摄影：刘月良

拉丁名

英文名

中文名

体长

居留型

记录频度

遗　鸥　Relict Gull *Larus relictus*　L45　冬候鸟　●●●○○

分类地位

形态特征

分布与习性

识别要点

分 类 地 位　鸥科 Laridae　鸥属 *Larus*

形 态 特 征　夏羽：嘴暗红色而嘴尖黑色；头黑褐色延至颈后，白色眼睑较宽；飞翔时，翼尖黑色，具白色点斑；脚暗红色。冬羽：似夏羽，但头白色；嘴竹青色，嘴尖黑色；眼先稍污色，头顶白色，后颈部有细密褐纹。亚成鸟：似冬羽，嘴淡红色而嘴尖黑色；颈及两翼具褐色杂斑。

分布与习性　繁殖在亚洲中部和中北部湖泊。在中国，繁殖于内蒙古的鄂尔多斯、呼伦池等有限区域。在当地，11月至翌年3月越冬；种群数量众多，喜近海滩涂尤其是潮线附近，偶尔至附近渔池、盐池。

识 别 要 点　头黑褐色；嘴及脚暗红色；飞翔时，翼尖黑色且具白色点斑。后颈具细密褐色纹而眼后无黑色斑为冬羽时特征。

潜鸟目

GAVIIFORMES

全世界共有1科5种。中国有1科4种。黄河三角洲有1科2种。

潜鸟科：生活在海洋、河流等水域，以鱼类、甲壳类及软件动物为食。嘴直而尖，颈粗长，善飞行及潜水，在陆地行走困难，只能匍匐前进。飞翔时呈驼背状。

摄影：钱斌

冬羽 / 摄影：孙劲松

冬羽 / 摄影：袁晓

红喉潜鸟

Red-throated Diver
Gavia stellata

L68 旅鸟 ●○○○○

分类地位 潜鸟科 Gaviidae 潜鸟属 *Gavia*

形态特征 夏羽：嘴长而略上翘；脸、喉及颈侧灰色，前颈有1块栗色三角形斑；枕及颈背白色且具黑色纵纹，背部黑褐色且具白色斑点；下体白色，胸侧有纵纹。冬羽：颏、颈侧及脸白色，上体黑褐色且具白色斑点，其余同夏羽。

分布与习性 分布于近北极区。繁殖在北方，冬季南下至北纬30° 左右。过境时，在当地偶见个体；栖于沿海及河道中，身体沉浮于水中，遇危险潜隐或仅露头、颈。

识别要点 嘴长而略上翘。夏羽前颈有栗色三角形斑，冬羽上体黑褐色且具白色斑点。

黑喉潜鸟

Black-throated Diver
Gavia arctica

L68 旅鸟 ●○○○○

分类地位 潜鸟科 Gaviidae 潜鸟属 *Gavia*

形态特征 夏羽：嘴细而长直、黑色。喉黑色，头灰色沾绿色，前颈具辉绿色方形块斑；颈及胸侧具黑白色细纵纹；背黑色且具白色方形横斑；翅具白色点斑；在水中胁部白色块常显露。冬羽：嘴灰而下嘴及嘴基色淡，颏、颈侧及脸白色，两胁白色，浮在水面时白色斑块明显。

分布与习性 繁殖于北半球，越冬于北纬30° 左右。过境时，在当地偶见个体；栖于沿海及河道中，身体沉浮于水中，遇危险潜隐或仅露头、颈。

识别要点 与太平洋潜鸟相似，区别在于夏羽前颈侧喉块为辉绿色而非辉紫色，冬羽嘴较粗长，体色较淡，特别是头侧及后颈为灰白色。

夏羽 / 摄影：张永

冬羽 / 摄影：钱斌

䴙䴘目

PODICIPEDIFORMES

全世界共有1科22种。中国有1科5种。黄河三角洲有1科5种。

䴙䴘科：生活在河流、池塘、沼泽等多种水域，以鱼类、水生动物为食，潜于水中觅食。体型粗短肥胖，嘴直而尖，翅短而尖，尾羽几乎无羽或仅有少量绒羽。遇危险时常潜水逃逸。

摄影：刘月良

小䴙䴘

Little Grebe
Tachybaptus ruficollis

L27 留鸟 ●●●●●

分类地位 䴙䴘科 Podicipedidae 小䴙䴘属 *Tachybapus*

形态特征 夏羽：嘴黑色而嘴基黄白色，眼黄色，喉及前颈偏红色，头顶及颈背深灰褐色。冬羽：下嘴肉黄色，上嘴黑褐色，眼色淡。喉白色，颊、颈侧棕黄色，背部褐灰色。

分布与习性 分布广泛。生活在池塘、沼泽、水库等多种环境中，繁殖于芦苇、香蒲丛中。

识别要点 体型小，眼黄色，夏羽嘴黑色而嘴基黄白色，冬羽嘴肉黄色区别于其他䴙䴘。

夏羽 / 摄影：刘月良

冬羽 / 摄影：刘月良

幼鸟 / 摄影：刘月良

摄影：IBC网站

摄影：IBC网站

摄影：IBC网站

摄影：IBC网站

赤颈䴙䴘

Red-necked Grebe
Podiceps grisegena

L45 旅鸟 ○ ?

分类地位 䴙䴘科 Podicipedidae 䴙䴘属 *Podiceps*

形态特征 夏羽：嘴粗长，尖黑色、基黄色；头顶黑色且略具羽冠，喉、颊白色，前颈栗红色；上体灰褐色。冬羽：脸颊及前颈淡灰色，喉及后颈白形成白色月牙形颈环；嘴黄色而尖黑色；上体淡灰色。

分布与习性 在中国，繁殖于东北，越冬于河北、福建及广东。迁徙时经过本地，栖于沼泽、池塘。

识别要点 夏羽顶冠黑色，颈栗色及脸颊灰白色；冬羽脸颊及前颈灰色，嘴粗长，下嘴基黄色，可区别于其他䴙䴘。

凤头鸊鷉

Great Crested Grebe
Podiceps cristatus

L50 夏候鸟 ●●●●●

分类地位 鸊鷉科 Podicipedidae 鸊鷉属 *Podiceps*

形态特征 夏羽：嘴细长而尖呈锥形；头顶黑色，具黑色羽冠；眼红色，眼周及颊、喉白色；颈背具栗色饰羽。冬羽：头顶具黑色羽冠，脸颊及前颈全白色，仅眼先黑色；颈背及体背淡灰色；嘴色淡。

分布与习性 分布广泛。生活在池塘、河流、水库等多种环境中，繁殖于芦苇、香蒲丛中。

识别要点 以嘴形细长、黑色凤头而区别于其他鸊鷉。

摄影：刘月良

夏羽／摄影：刘月良

冬羽／摄影：陈建中

冬羽 / 摄影：陈建中

角䴙䴘

Horned Grebe
Podiceps auritus

L33 旅鸟 ●●●○○

分类地位 䴙䴘科 Podicipedidae 䴙䴘属 *Podiceps*

形态特征 夏羽：嘴黑色、直短而尖色淡，眼红色；头黑色，眼后具金黄色饰羽；前颈及两胁深栗色，上体多黑色。冬羽：头顶、后颈及背黑褐色，喉、前颈、胸、腹白色，脸颊白色较大。

分布与习性 繁殖于北方温带的淡水区域，越冬于北纬30°以南。迁徙时经过此地，常在淡水芦苇沼泽中单独活动。

识别要点 嘴形短直而嘴尖色淡，冬羽喉及前颈白色，脸颊白色区域较大，可区别于其他䴙䴘。

黑颈䴙䴘

Black-necked Grebe
Podiceps nigricollis

L30 旅鸟 ●●○○○

分类地位 䴙䴘科 Podicipedidae 䴙䴘属 *Podiceps*

形态特征 夏羽：头、颈及上体黑褐色，嘴黑色而上翘；眼红色，由眼部形成放射状黄色耳簇；两胁红褐色，胸、腹白色。冬羽：似夏羽，无耳簇，颈侧淡灰色，颏部白色延伸至眼后呈月牙形。

分布与习性 繁殖于中国北部，越冬于华南和东南沿海及中国西南的河流。迁徙时经过此地。

识别要点 以嘴上扬，眼红色而区别于其他䴙䴘。夏羽具黄色耳簇，冬羽具月牙形斑。

夏羽／摄影：陈建中

冬羽／摄影：陈建中

鹈形目

PELECANIFORMES

全世界共有6科68种。中国有5科17种。黄河三角洲有2科4种。

鹈鹕科：体型大，嘴长而扁平，具有特征性喉囊，翼宽大而尾短，喜集群。当地有1种。

鸬鹚科：嘴形长，尖端呈钩状，颈及身体细长，尾羽长而坚硬，脚短，趾间具全蹼。当地有3种。

摄影：刘月良

卷羽鹈鹕

Dalmatian Pelican
Pelecanus crispus

L175 旅鸟 ●●●●●

分类地位 鹈鹕科 Pelecanidae 鹈鹕属 *Pelecanus*

形态特征 眼周浅黄色，喉囊橘黄色或黄色，嘴上颚灰色，下颚粉红色，颈背具卷曲的冠羽。体羽灰白色，飞翔时仅飞羽羽尖黑色。

分布与习性 数量稀少并有区域性。见于中国北方，冬季迁至南方。春季3~5月、秋季10~11月在当地定期出现；栖于多水面的芦苇沼泽，群栖；捕食鱼类。

识别要点 与其他鹈鹕的区别在于眼周浅黄色，颈背冠羽卷曲，飞翔时仅飞羽羽尖黑色。

摄影：刘月良

摄影：刘月良

摄影：刘月良

摄影：刘月良

夏羽 / 摄影：李在军

普通鸬鹚

Great Cormorant
Phalacrocorax carbo

L90　旅鸟　●●●●●

分类地位　鸬鹚科 Phalacrocoracidae　鸬鹚属 *Phalacrocorax*

形态特征　夏羽：嘴黄褐色，嘴周及下嘴基黄褐色且具细黑色点斑，颊及上喉白色，头、颈具细密白色丝状羽，上体铜棕褐色，下体黑色，胁具白色斑。冬羽：似夏羽，但下嘴基细黑色点斑不明显，头、颈部白色丝状羽及胁部白色斑消失。亚成鸟：体色深褐色，下体及颈侧污白色。

分布与习性　繁殖于中国各地的适宜环境中，越冬于南方省份。在当地，春、秋集大群，但夏、冬均有少量分布；栖于沿海、河道、芦苇沼泽等多种环境中；善捕鱼；游泳时半个身子在水下，飞行呈“V”字形或直线。

识别要点　以颊及上喉白色而区别于其他鸬鹚，但与暗绿背鸬鹚相似，区别在于嘴周及下嘴基具细黑色点斑，头、颈部的白色羽细密呈丝状，上体铜棕褐色。

绿背鸬鹚

Japanese Cormorant
Phalacrocorax capillatus

L81 旅鸟 ●○○○○

分类地位 鸬鹚科 Phalacrocoracidae 鸬鹚属 *Phalacrocorax*

形态特征 夏羽：眼周黄褐色，嘴周及下嘴基鲜黄色而无细黑色点斑，颊及上喉白色，头、颈具较粗的白色丝状羽，上体蓝绿色，下体黑色，胁具色白斑。冬羽：似夏羽，但头、颈部白色丝状羽及胁部白色斑消失。

分布与习性 繁殖于朝鲜、日本及库页岛、萨哈林岛，冬季南迁经过沿海海域至中国东南部。在当地，迁徙时可能与普通鸬鹚混群于沿海；野外少有记录。

识别要点 以颊及上喉白色而区别于其他鸬鹚，但与普通鸬鹚相似；区别在于嘴周及下嘴基无细黑色点斑，头、颈部的白色羽毛细密呈丝状，上体铜棕褐色。

摄影：张永

海鸬鹚

Pelagic Cormorant
Phalacrocorax pelagicus

L70 旅鸟 ●○○○○

分类地位 鸬鹚科 Phalacrocoracidae 鸬鹚属 *Phalacrocorax*

形态特征 夏羽：眼周及喉暗红色，前额及后枕具短冠羽；全身黑色且具紫色、绿色光泽，头、颈具白色丝状羽，胁具白色斑。冬羽：似夏羽，但头上无冠羽，胁部白色斑消失。

分布与习性 繁殖于美国阿拉斯加州至西伯利亚及日本，越冬于美国的加利福尼亚州、日本南部及中国。在当地偶见，与普通鸬鹚混群栖于沿海滩涂。

识别要点 与红脸鸬鹚相似，区别在于眼周红色不延至额基。

鹳形目

CICONIIFORMES

全世界共有5科115种，中国有3科36种，黄河三角洲有3科16种。

鹭科：以嘴长、颈长、脚长为特征，飞翔时缩脖呈“S”形。当地有12种。

鹳科：体型大，嘴长而粗壮，两翼宽，尾短，飞翔时颈前伸。当地有2种。

鹮科：分为2类，鹮类嘴长而下弯，琵鹭类嘴长直呈勺状，飞翔时头、颈伸直。当地有2种。

摄影：刘月良

苍鹭

Grey Heron
Ardea cinerea

L92 留鸟 ●●●●●

分类地位 鹭科 Ardeidae 鹭属 *Ardea*

形态特征 夏羽：体色苍灰色，嘴及眼先黄色，头白色，具黑色过眼纹及冠羽；前颈白色且具黑色纵纹及白色饰羽。冬羽：似夏羽，额及头顶淡灰色，冠羽、饰羽脱落。

分布与习性 广泛分布于中国全境。在当地，分布于多种浅水环境中，常单独活动；繁殖于芦苇丛中。

识别要点 与草鹭相似，区别在于体色灰白色，前颈白色且具黑色纵纹。

草鹭

Purple Heron
Ardea purpurea

L80 夏候鸟 ●●●●●

分类地位 鹭科 Ardeidae 鹭属 *Ardea*

形态特征 体色栗红色。顶冠及冠羽黑色，颈栗棕色具黑色纵纹。背及覆羽灰色，飞羽黑色，其余体羽红褐色。

分布与习性 分布广泛。在当地，可见于稻田、芦苇地、湖泊及溪流，常单独在浅水中低歪着头伺机捕鱼及捕食其他食物；繁殖筑巢于芦苇丛中。

识别要点 与苍鹭相似，区别在于体色栗红色，颈栗红色且具黑色纵纹。

摄影：刘月良

摄影：刘月良

摄影：刘月良

摄影：刘月良

摄影：刘月良

摄影：刘月良

摄影：刘月良

摄影：刘月良

大白鹭

Large Egret
Ardea alba

L95　旅鸟　●●●●●

分类地位　鹭科 Ardeidae　鹭属 *Ardea*

形态特征　夏羽：嘴黑色，眼先蓝绿色；颈及肩部具细长蓑羽；嘴裂长延至眼后。冬羽：嘴黄色，眼先黄色，蓑羽脱落。

分布与习性　分布广泛。在当地，除冬季结冰外，其他时期常见，但未见繁殖种群；一般单独或成小群，在湿润或漫水的地带活动；站姿甚高直，从上方往下刺戳猎物。飞行优雅，振翅缓慢有力。

识别要点　与其他白色型鹭的区别在于体长，颈更显长而显扭结，是唯一嘴裂长延至眼后的白色型鹭。

白 鹭

Little Egret
Egretta garzetta

L60 夏候鸟 ●●●●●

分类地位 鹭科 Ardeidae 白鹭属 *Egretta*

形态特征 全身白色，嘴黑色，腿黑色，趾黄色。繁殖期枕后具细长饰羽，背及胸具蓑状羽。

分布与习性 分布广泛。在当地，全年可见，但冬季结冰期数量稀少；于稻田、河岸、沙滩、泥滩及沿海小溪流觅食；夜晚飞回栖处；3~8月繁殖于树上。

识别要点 与其他白色型鹭的区别在于腿黑色，趾黄色，嘴黑色，繁殖期枕后具细长饰羽。与黄嘴白鹭相似，但黄嘴白鹭繁殖期腿黑色，趾黄色，眼先蓝色，饰羽密而短，越冬期脚黄绿色。

摄影：刘月良

摄影：刘月良

摄影：刘月良

夏羽 / 摄影：李在军

冬羽 / 摄影：刘月良

牛背鹭

Cattle Egret
Bubulcus ibis

L50 夏候鸟 ●●●●●

分类地位 鹭科 Ardeidae 牛背鹭属 *Bubulcus*

形态特征 夏羽：嘴全黄色；全身白色，头、颈、胸沾橙黄色，背上饰羽橙黄色。
冬羽：夏羽的橙黄色褪去，全身白色，嘴全黄色。

分布与习性 在中国南方常见。在当地，除冬季结冰期外，其他季节常见；4~7月繁殖于树上；喜稻田或近水地带，觅食于稻田，夜晚飞回栖处。

识别要点 冬羽时与其他白色型鹭的区别在体型较粗壮，颈较短而头圆，嘴较短厚且全黄色。

池 鹭

Chinese Pond Heron
Ardeola bacchus

L47 夏候鸟 ●●●●●

分类地位 鹭科 Ardeidae 池鹭属 *Ardeola*

形态特征 夏羽：嘴黄色尖黑色。头及颈深栗色，胸紫酱色，体背黑灰色，翅白色。冬羽：头、颈、胸部的颜色褪去，换为黄褐色与白色相杂的纵纹，体背黑灰色变为绛紫色。

分布与习性 常见于华南、华中及华北地区的水稻田。在当地，4~10月可见，3~8月繁殖于树上；喜稻田或其他漫水地带；单独或成分散小群进食，夜晚飞回栖处。

摄影：刘月良

摄影：陈建中

摄影：李在军

摄影：丁洪安

绿鹭

Striated Heron
Butorides striata

L43 夏候鸟 ●●●●●

分类地位 鹭科 Ardeidae 绿鹭属 *Butorides*

形态特征 成鸟：体色显绿色。头顶及冠羽黑绿色，耳羽具白色斑，嘴下具白色纹。翼绿色且具白色羽缘。下体喉、胸、腹中央白色。亚成鸟：脸及下体具绿色、白色相间的纵纹，体背无纵纹而翼具白色羽缘。

分布与习性 从中国东北至南方沿海均有分布。在当地，4~11月可见，繁殖于树上，相比其他鹭更为少见；性孤僻羞怯；栖于池塘、溪流及稻田。

识别要点 成鸟体色显绿色，翼绿色且具白色羽缘，可区别于其他；亚成鸟特征在于下体具绿色、白色相间的粗纵纹。

夜　鹭

Black-crowned Night Heron
Nycticorax nycticorax

L61　夏候鸟　●●●●●

分类地位　鹭科 Ardeidae　夜鹭属 *Nycticorax*

形态特征　成鸟：体背黑色，翼灰色，颈及下体白色，顶冠黑色，枕后具白色细长饰羽，具白色眉，嘴粗黑色。亚成鸟：上体褐黄色且具点斑，下体淡黄色且具褐色纵纹，嘴黄色。

分布与习性　常见于华东、华中及华南，冬季迁至中国南方。在当地，3~11月可见，4~8月繁殖于树上；夜晚或黄昏活动，白天休息；在繁殖期，白天也活动；觅食于稻田、河流、池塘。

识别要点　成鸟特征鲜明，不易混淆。亚成鸟上体多具点斑，可区别于其他。

黄斑苇鳽

Yellow Bittern
Ixobrychus sinensis

L32 夏候鸟 ●●●●●

分类地位 鹭科 Ardeidae 苇鳽属 *Ixobrychus*

形态特征 雄鸟：顶冠黑色，上体淡黄褐色，下体皮黄色；两翼及尾黑色；飞翔时，飞羽黑色与覆羽皮黄色对比明显。雌鸟：似雄鸟，颈及胸具褐色纵纹。亚成鸟：似雌鸟，但褐色较浓，全身满布纵纹。

分布与习性 繁殖于中国东北至华中及西南、台湾和海南岛，越冬在热带地区。在当地，4~10月可见，繁殖于芦苇、香蒲丛中；喜芦苇、稻田、池塘等生境。

识别要点 与栗苇鳽相似，但体背黄褐色与浅色的翼有颜色对比差异。

紫背苇鳽

Schrenck's Bittern
Ixobrychus eurhythmus

L33 夏候鸟 ●●●●●

分类地位 鹭科 Ardeidae 苇鳽属 *Ixobrychus*

形态特征 雄鸟：头顶黑色，上体紫栗色，下体具皮黄色纵纹，喉及胸有深色纵纹中线。雌鸟：上体紫栗色并有多处白色点斑，下体喉及胸除深色纵纹中线外另具纵纹。

分布与习性 繁殖于西伯利亚东南部、中国东部及朝鲜、日本，越冬于东南亚。在当地，4~10月可见；性孤僻羞怯，常单只活动；喜芦苇地、稻田及沼泽地。

识别要点 上体紫栗色及喉、胸的深色纵纹中线为其特征，可区别于其他。

雌鸟／摄影：丁洪安

雄鸟／摄影：朱英

幼鸟/摄影：陈德智

成鸟/摄影：钱斌

栗苇鳽 Cinnamon Bittern *Ixobrychus cinnamomeus*

L41 夏候鸟 ●●●●●

分类地位 鹭科 Ardeidae 苇鳽属 *Ixobrychus*

形态特征 雄鸟：上体及翼栗色，下体黄褐色，喉中央具黄色、黑色相间的纵纹。雌鸟：似雄鸟，但上体色暗，具白色点斑，下体纵纹较多。

分布与习性 分布于辽宁至华中、华东、西南、海南岛及台湾等地，越冬在热带区域。在当地，4~10月可见；性羞怯孤僻，白天栖于稻田或草地，夜晚较活跃；受惊时一跳而起，飞行低，振翼缓慢有力；营巢于芦苇或深草中。因数量稀少，较隐蔽而难以被发现。

识别要点 与黄斑苇鳽的区别在于上体翼与体背均栗色，无颜色差异。

大麻鳽

Eurasian Bittern
Botaurus stellaris

L75 留鸟 ●●●●●

分类地位 鹭科 Ardeidae 麻鳽属 *Botaurus*

形态特征 嘴较短，黄色。顶冠黑色，喉白色且具黑色颊纹。上体红褐色，具黑色羽轴。下体颜色浅，颈侧具细密栗红色细纹，颈及前胸具纵纹。

分布与习性 繁殖于天山、呼伦池及东北各省。冬季至长江流域及东南部沿海省份、台湾及云南南部。在当地，全年皆见。性隐蔽，喜高芦苇。有时被发现时就地凝神不动，嘴垂直上指。

识别要点 嘴形短，顶冠黑色，颈前具纵纹，可区别于其他。

摄影：刘月良

摄影：孙劲松

摄影：陈建中

摄影：陈建中

摄影：陈建中

摄影：刘月良

黑鹳

Black Stork
Ciconia nigra

L100 旅鸟 ●●●●●

分类地位 鹳科 Ciconiidae 鹳属 *Ciconia*

形态特征 嘴红色，眼周裸露皮肤红色。全身黑色，仅下胸、腹部及尾下白色。飞行时翼下黑色，仅三级飞羽及次级飞羽内侧白色。脚红色。

分布与习性 繁殖于中国北方，越冬于长江以南地区及台湾。在当地，春、秋迁徙季节集群，冬季有时有少量个体；栖于芦苇沼泽、近海滩涂、池塘等浅水湿地。

东方白鹳

Oriental White Stork
Ciconia boyciana

L105 夏候鸟 ●●●●●

分类地位 鹳科 Ciconiidae 鹳属 *Ciconia*

形态特征 嘴黑色且厚长，眼周裸露皮肤粉红色。全身白色，两翼黑色。飞行时，黑色初级飞羽及次级飞羽与纯白色体羽成强烈对比。

分布与习性 分布于东北亚及日本。在中国，繁殖于东北，越冬在长江下游的湖泊。在当地，除冬季结冰期数量少外，其他季节常见；筑巢繁殖于路边电线杆，3月初交配，孵卵期33天左右，4月中下旬至6月中旬育雏，7月雏鸟离巢；栖于芦苇沼泽、近海滩涂、池塘等浅水湿地。

识别要点 飞翔时，两翼黑色而身体其他部分白色，对比明显。与白鹳的区别在于嘴黑色而非红色。

摄影：刘月良

摄影：刘月良

摄影：刘月良

白琵鹭

White Spoonbill
Platalea leucorodia

L84 旅鸟 ●●●●●

分类地位 鹮科 Threskiornithidae 琵鹭属 *Platalea*

形态特征 夏羽：嘴形如琵琶，长直而平且具细横纹，嘴端扩展如勺，黄色，中间狭窄；枕具黄色饰羽，上喉及胸部染黄色，其余体色白色；眼先具黑色细线；飞翔时，全身白色，仅翅缘沾黑色。冬羽：似夏羽，全身白色，无枕部饰羽。

分布与习性 分布于欧亚大陆及非洲。在中国，繁殖于新疆西北部天山至东北各省，冬季南迁经中国中部至云南、东南沿海省份。在当地，大群见于春、秋迁徙季节，小群体有时会停留到5~6月，有的个体常年滞留；喜芦苇沼泽、水塘、泥滩；觅食时，在水中缓慢前进，嘴往两旁甩动以寻找食物。

识别要点 与黑脸琵鹭相似，区别在于嘴端黄色，眼睛周围白色，仅眼先具黑色线。

黑脸琵鹭

Black-faced Spoonbill
Platalea minor

L76 旅鸟 ●●●○○

分类地位 鹮科 Threskiornithidae 琵鹭属 *Platalea*

形态特征 夏羽：嘴形如琵琶，铅灰色；眼先、额、嘴基黑色而形成黑色三角区，且眼睛在黑色范围内；枕具黄色饰羽，上喉及胸部染黄色，其余全白色。冬羽：似夏羽，全身白色，枕部饰羽短或消失。

分布与习性 繁殖在朝鲜岛屿，在中国东北可能有繁殖，冬季至中国南部沿海、中国台湾及越南北部。在当地，偶见于迁徙期，混群于白琵鹭。

识别要点 与白琵鹭的区别在于嘴全铅灰色而无黄色，眼睛周围形成黑色三角区，且眼睛在黑色范围内。

摄影：丁洪安

摄影：袁晓

雁形目

ANSERIFORMES

全世界共有2科160种。中国有1科51种。黄河三角洲有1科35种。

鸭科：以水生植物、动物为食。脚短，趾间具蹼而善游泳，嘴形宽扁，翼宽而尾短。雄性常具艳丽羽色或翼斑，雌性体色较暗淡。包括天鹅类、雁类、鸭类、秋沙鸭类等。

摄影：刘月良

疣鼻天鹅 Mute Swan *Cygnus olor*

L150 冬候鸟 ●●●●●

分类地位 鸭科 Anatidae 天鹅属 *Cygnus*

形态特征 雄鸟：嘴赤红色，眼先及嘴基黑色；前额有黑色疣突；全身白色。雌鸟：似雄鸟，但体略小，黑色疣突不明显。亚成鸟：眼先及嘴基黑色，嘴灰紫色；全身绒灰色或污白色，颈侧有时沾棕黄色。

分布与习性 分布于欧洲至中亚，越冬于北非及印度。在中国，于北部及中部少数湖泊中繁殖。在当地，10月下旬至翌年3月下旬越冬；集群栖于水库及大水面芦苇沼泽中，以水草及鱼类为食。

识别要点 游水时颈部呈优雅的“S”形，两翼常高拱。眼先及嘴基黑色，雄鸟具明显黑色疣突。

摄影：刘月良

摄影：刘月良

摄影：刘月良

摄影：刘月良

摄影：刘月良

摄影：刘月良

摄影：刘月良

大天鹅

Whooper Swan
Cygnus cygnus

L155 冬候鸟 ●●●●●

分类地位 鸭科 Anatidae 天鹅属 *Cygnus*

形态特征 成鸟：雌雄同色，全身白色；眼先及嘴基黄色并超过鼻孔，嘴尖黑色，颈显瘦长。亚成鸟：同成鸟，但嘴黄色部分青灰色，体色多灰色。

分布与习性 分布于格陵兰及北欧、亚洲北部，越冬在中欧、中亚及中国。在当地，10月下旬至翌年3月下旬越冬；集群栖于水库及大水面芦苇沼泽中，以水草及鱼类为食。

识别要点 与小天鹅相似，区别在于体型大，颈显瘦长，嘴基的黄色超过鼻孔。

小天鹅

Tundra Swan
Cygnus columbianus

L142 冬候鸟 ●●●●●

分类地位 鸭科 Anatidae 天鹅属 *Cygnus*

形态特征 成鸟：雌雄同色，全身白色。眼先及嘴基黄色不及鼻孔，嘴尖黑色，颈显粗短，头部显圆。亚成鸟：同成鸟，但嘴黄色部分青灰色，体色多灰色。

分布与习性 分布于欧洲及亚洲北部，在欧洲、中亚、中国及日本越冬。在当地，10月下旬至翌年3月下旬越冬；集群栖于水库及大水面芦苇沼泽中，以水草及鱼类为食。

识别要点 与大天鹅相似，区别在于体型小，颈显粗短，嘴基的黄色不及鼻孔，头侧显圆。

摄影：刘月良

摄影：刘月良

摄影：刘月良

鸿　雁

Swan Goose
Anser cygnoides

L88　旅鸟　●●●●●

分类地位　鸭科 Anatidae　雁属 *Anser*

形态特征　成鸟：嘴黑色，嘴基具白色狭线；后颈棕褐色，前颈白色，两者界线分明；尾白色，具宽黑色次端带。亚成鸟：似成鸟，但嘴基白色狭线不明显或无。

分布与习性　繁殖于蒙古、中国东北及西伯利亚，越冬于中国中部、东部和中国台湾以及朝鲜。在当地，春、秋季节常见；成群栖于浅水的沿海滩涂、芦苇丛中。

识别要点　嘴黑色，额及前颈白色较少，后颈棕褐色，前颈白色，两者界线分明，可区别于其他雁。

豆雁 Bean Goose *Anser fabalis*

L80 冬候鸟 ●●●●●

分类地位 鸭科 Anatidae　雁属 *Anser*

形态特征 成鸟：嘴黑色且具橘黄色次端带；翼褐色且具白色羽缘；颈淡棕褐色且具暗纵纹；腹白色，胁具黑色横纹；尾白色，具宽黑色次端带；脚橘黄色。亚成鸟：似成鸟，但嘴基常具白色狭线。

分布与习性 繁殖于欧洲及亚洲泰加林，越冬在温带地区。在当地，10月至翌年3月越冬；成群栖于浅水芦苇丛中、滩涂或草地、农田。

识别要点 与灰雁的区别在于嘴黑色且具橘黄色次端带，与白额雁及小白额雁的区别在于除嘴色外，腹白色而无黑色斑。

摄影：刘月良

摄影：刘月良

白额雁

White-fronted Goose
Anser albifrons

L70~85 旅鸟 ●●●●●

分类地位 鸭科 Anatidae 雁属 *Anser*

形态特征 成鸟：嘴粉红色，嘴基及额具白色环线；翼灰色且具白色羽缘；胸、腹白色，具不规则黑色斑块；两胁具褐色细横纹；脚橘黄色。亚成鸟：似成鸟，但嘴基及额的白色环线不明显，腹部黑色斑不明显。

分布与习性 繁殖于北半球的苔原冻土带，越冬于温带农田。在中国，越冬区在长江流域及华东各省至湖北、湖南及台湾。在当地，迁徙季节与豆雁混群；栖于浅水芦苇丛中、滩涂或草地、农田。

识别要点 与小白额雁的区别在于嘴较大，额基白色不后延，体色较淡，眼圈无黄色，腹部黑色斑较疏。

小白额雁

Lesser White-fronted Goose
Anser erythropus

L62 旅鸟 ●●●●●

分类地位 鸭科 Anatidae 雁属 *Anser*

形态特征 成鸟：嘴短粉红色，眼圈黄色，嘴基具白色环线，额白色并后延；翼灰色且具白色羽缘；胸、腹白色，具不规则黑色斑块；两胁具褐色细横纹；脚橘黄色。亚成鸟：似成鸟，但嘴基及额的白色环线不明显，腹部黑斑不明显。

分布与习性 繁殖于欧亚极地，越冬于巴尔干、中东及中国东部。在当地，数量较少且与豆雁混群，迁徙时可见；栖于浅水芦苇丛中、滩涂或草地、农田。

识别要点 与白额雁的区别在于体小，嘴短小，额基白色后延，体色较暗，眼圈黄色，腹部黑色斑较细。

摄影：陈建中

摄影：刘月良

摄影：刘月良

摄影：刘月良

灰雁

Greylag Goose
Anser anser

L76　冬候鸟　●●●●●

分类地位　鸭科 Anatidae　雁属 *Anser*

形态特征　嘴和脚粉红色，嘴基无白色。上体体羽灰色而羽缘白色，胸浅烟褐色，尾上及尾下覆羽均白色。飞行中，浅色的翼前区与飞羽的暗色成对比。

分布与习性　繁殖于欧亚北部，越冬于北非、印度、中国及东南亚。在当地，11月至翌年3月越冬；栖于浅水芦苇丛中、滩涂或草地、农田。

识别要点　与豆雁相似，区别在于嘴粉红色、脚粉红色。

雪 雁

Snow Goose
Anser caerulescens

L80 迷鸟 ●○○○○

分类地位 鸭科 Anatidae 雁属 *Anser*

形态特征 成鸟：嘴及脚粉色；全身雪白色，初级飞羽羽端黑色。亚成鸟：似成鸟，头顶、颈背及上体近灰色，翼覆羽白色染灰色。

分布与习性 繁殖于北美洲极地的苔原冻土带，越冬于北美洲的亚热带及温带地区，偶见于日本及中国东部。在当地为迷鸟，1998年有2只与豆雁混群，越冬于农田及草地。

摄影：张锡贤

摄影：张锡贤

黑雁

Brent Goose
Branta bernicla

L62 迷鸟 ●○○○○

分类地位 鸭科 Anatidae 黑雁属 *Branta*

形态特征 成鸟：嘴和脚黑色。头、颈黑色且具白色半颈环。上体黑褐色，羽缘色淡。下体黑褐色，臀白色。飞翔时，翼灰色，飞羽黑色。亚成鸟：似成鸟，颈部无白色斑，但翅上多有白色横纹。

分布与习性 繁殖于北美洲及西伯利亚极地的苔原冻土带，越冬于南方沿海的草地及河口。在当地为迷鸟，2003年4月，于河口潮沟记录1只。

赤麻鸭

Ruddy Shelduck
Tadorna ferruginea

L63 冬候鸟 ●●●●●

分类地位 鸭科 Anatidae 麻鸭属 *Tadorna*

形态特征 雄鸟：头皮黄色，具黑色颈环；全身黄褐色；飞翔时，翼上、翼下覆羽白色，翅黑色沾铜绿色。雌鸟：似雄鸟，但颈无黑色颈环。

分布与习性 分布于东南欧及亚洲中部，越冬于印度和中国南方。在当地，10月至翌年3月在此越冬；常集大群于近海滩涂、河道及芦苇沼泽中。

雄鸟 / 摄影：刘月良

雌鸟 / 摄影：刘月良

雄鸟／摄影：刘月良

雌鸟／摄影：李超

翘鼻麻鸭

Common Shelduck
Tadorna tadorna

L60 旅鸟 ●●●●●

分类地位 鸭科 Anatidae 麻鸭属 *Tadorna*

形态特征 雄鸟：嘴红色上翘，嘴基具隆起肉瘤；头、颈绿黑色，胸具1道栗色横带，腹中央具绿黑色纵纹，其余体白色；翼上、翼下白色，飞羽黑色。雌鸟：似雄鸟，但嘴基无隆起肉瘤，相应色带较淡。亚成鸟：体褐色斑驳，嘴暗红色，脸侧有白色斑块。

分布与习性 分布区由西欧至东亚，越冬区至北非、印度及中国南方。在中国，繁殖于北方及东北，越冬至东南部。在当地，春、秋迁徙时常见，冬季偶见个体；常集大群于近海滩涂、河道及芦苇沼泽中。

鸳鸯

Mandarin Duck
Aix galericulata

L40 旅鸟 ●●○○○

分类地位 鸭科 Anatidae 鸳鸯属 *Aix*

形态特征 雄鸟：嘴红色；羽色艳丽，头具长羽冠，眼周白色，眼后具白色宽眉纹；翅具栗黄色扇状直立羽。雌鸟：嘴灰色，嘴基白色；无羽冠及扇状直立羽，眼周白色与白色眉相连；胸、胁具点状纵纹。

分布与习性 分布于亚洲东北部、中国东部及日本。在中国，繁殖于东北，越冬于南方。在当地，春、秋季节无规律出现；与其他鸭类混群，栖于芦苇沼泽、水库、池塘中等。

雄鸟／摄影：胡友文

雌鸟／摄影：胡友文

雄鸟 / 摄影：张锡贤

雄鸟 / 摄影：陈建中

雌鸟 / 摄影：下里巴人

赤颈鸭

Eurasian Wigeon
Anas penelope

L47 旅鸟 ●●●●●

分类地位 鸭科 Anatidae [河]鸭属 *Anas*

形态特征 雄鸟：嘴灰色而尖黑色，头、颈红褐色而额至头顶黄色；体侧具白色斑；腹白色，尾下覆羽黑色；飞行时，白色翼羽毛与绿色翼镜成对照。雌鸟：嘴灰色而尖黑色，体背黑褐色，胸、胁多棕色，腹及尾下覆羽白色。

分布与习性 分布于古北界，在南方越冬。在中国，繁殖于东北或西北，越冬于北纬35° 以南。在当地，迁徙季节常见，集大群，但有时有越冬个体；栖于芦苇沼泽及大面积水域、大水库中。

识别要点 雄鸟额至头顶黄色与红褐色的头、颈对比明显；雌鸟嘴灰色而尖黑色，眼周污灰色，可区别于其他雌鸭。

罗纹鸭

Falcated Duck
Anas falcata

L50 冬候鸟 ●●●●●

分类地位 鸭科 Anatidae [河]鸭属 *Anas*

形态特征 雄鸟：嘴黑色，额具小白色斑，头顶栗色，脸侧绿色并后延成冠羽；喉白色，具黑色颈环；体羽白色，满布细纹；三级飞羽长而弯曲。雌鸟：嘴及腿暗灰色，头及颈污灰色而眼周色深，两胁略带扇贝形纹，次级飞羽具绿色翼镜且外缘具白色翼带。

分布与习性 繁殖于东北亚，越冬于中国华东及华南。在当地，10月至翌年3月越冬；集大群栖于芦苇沼泽及大面积水域、大水库中。

识别要点 雌鸟眼周较深暗，两胁具扇贝形纹及绿色翼镜，可区别于其他雌鸭。

摄影：刘月良

摄影：刘月良

摄影：刘月良

雄鸟 / 摄影：刘月良

雌鸟 / 摄影：刘月良

雄（左）雌（右）/ 摄影：刘月良

赤膀鸭

Gadwall

Anas strepera

L50 冬候鸟 ●●●●●

分类地位 鸭科 Anatidae [河]鸭属 *Anas*

形态特征 雄鸟：嘴黑色，头、颈棕具细小点斑；上体肩羽赤褐色，下体胸具密月牙形斑，尾覆羽黑色；飞翔时，翼镜内黑色外白色，中覆羽赤红色；脚橙黄色。雌鸟：嘴侧橘黄色，嘴中灰色；上体暗褐色，羽缘棕色，下体胸、胁具棕色扇贝形羽缘，腹棕白色。

分布与习性 分布于全北界，繁殖于温带地区，越冬于南方。在当地，10月至翌年3月越冬；集大群栖于芦苇沼泽中。

识别要点 雄鸟上体体背显棕色，下体具细密纹；雌鸟嘴缘橘黄色，下体多具棕色扇贝形羽缘。

花脸鸭

Baikal Teal
Anas formosa

L42 旅鸟 ●●○○○

分类地位 鸭科 Anatidae [河]鸭属 *Anas*

形态特征 雄鸟：嘴灰黑色，脸具绿色、黄色组成的花斑；颈侧及胁灰色，中间具细白色斑；胸具密点斑，腹白色。雌鸟：嘴基具白色点斑，脸侧有白色月牙形斑块；胸具密点斑。

分布与习性 繁殖于东北亚，越冬于中国、朝鲜及日本。在当地，不定期出现；喜结大群，并常与其他鸭种混群，栖于芦苇沼泽及水库中。

识别要点 雄鸟脸具独特花斑。雌鸟头部显白色，具白色月牙形斑块及嘴基白色点斑。

雄鸟 / 摄影：张锡贤

雌鸟 / 摄影：张锡贤

摄影：刘月良

摄影：刘月良

摄影：刘月良

绿翅鸭

Green-winged Teal
Anas crecca

L37 冬候鸟 ●●●●●

分类地位 鸭科 Anatidae [河]鸭属 *Anas*

形态特征 雄鸟：头、颈栗红色，眼周具绿色带斑；肩羽具细长白色条纹；体羽白色，颈侧及胁具细密条纹。雌鸟：头显棕色而头顶色重，具贯眼纹；体背和胁具黑褐色“V”字形斑及棕色羽缘。

分布与习性 繁殖于整个古北界，越冬于南方。在当地，10月至翌年4月可见；成群栖于河道、池塘、芦苇沼泽中；体型小，起飞、降落迅速，振翼极快。

识别要点 体型小。雄鸟栗红色头部具绿色块斑；雌鸟头部色淡具眉纹，体背和胁具黑褐色“V”字形斑及棕色羽缘。

绿头鸭

Mallard
Anas platyrhynchos

L58 留鸟 ●●●●●

分类地位 鸭科 Anatidae [河]鸭属 *Anas*

形态特征 雄鸟：嘴黄绿色；头及颈深绿色，具白色颈环，胸栗色；尾外侧白色，尾上覆羽黑色并上卷。飞翔时，具蓝色翼镜且外缘白色。雌鸟：嘴外侧橙黄色而中间黑色。体背暗褐色，有棕色羽缘。

分布与习性 分布于全北区，在南方越冬，中国有广泛分布。在当地，群栖于芦苇沼泽及河道、池塘、水库等多种生境中。

识别要点 雄鸟颈具白色环，可区别于其他；雌鸟与其他雌性鸭类相似，区别在于嘴外侧橙黄色而中间黑色，体背显棕色。

摄影：刘月良

雄（左）雌（右）/摄影：李在军

摄影：刘月良

摄影：李在军

斑嘴鸭

Spot-billed Duck
Anas poecilorhyncha

L60 留鸟 ●●●●●

分类地位 鸭科 Anatidae [河]鸭属 *Anas*

形态特征 嘴黑色而端黄色；具白色眉及黑色贯眼纹；翼棕色且具白色羽缘；白色的三级飞羽停栖时有时可见，飞翔时明显。

分布与习性 分布于印度、缅甸、东北亚及中国，分布广泛。在当地常见；群栖于芦苇沼泽及河道、池塘、水库等多种环境中。

识别要点 嘴黑色而端黄色，可区别于其他。

针尾鸭

Northern Pintail
Anas acuta

L55 冬候鸟 ●●●●●

分类地位 鸭科 Anatidae [河]鸭属 *Anas*

形态特征 雄鸟：嘴蓝灰色，头棕色；颈侧白色带延至后头；下体胸侧、胁具灰色细纹；尾羽黑色，中央尾羽细长。雌鸟：嘴蓝灰色，头淡褐色无斑纹；上体黑褐色且具棕色细斑，下体胸、胁具棕色扇贝形斑，尾形尖。

分布与习性 繁殖于全北界，越冬于南方。在中国，繁殖于新疆、西藏，越冬至北纬30°以南。在当地，10月至翌年4月越冬；常集群栖于芦苇沼泽、河道及池塘、水库中。

识别要点 雄鸟尾形长；雌鸟与其他雌性鸭相似，区别在于嘴蓝灰色，下体具棕色扇贝形斑，尾形尖。

雄鸟 / 摄影：张锡贤

雄鸟 / 摄影：陈建中

雌鸟 / 摄影：张锡贤

雄鸟 / 摄影：张锡贤

雌鸟 / 摄影：张锡贤

白眉鸭

Garganey
Anas querquedula

L40 旅鸟 ●●●●●

分类地位 鸭科 Anatidae [河]鸭属 *Anas*

形态特征 雄鸟：嘴黑色，头棕色且具宽阔的白色眉纹；体背具形长的肩羽，胁具白色细纹，腹白色；飞行时，翅上覆羽蓝灰色，翼镜闪亮绿色且带白色边缘。雌鸟：嘴黑色，头部显白色且具白色眉、褐色贯眼纹及白色眼下斑。

分布与习性 繁殖于全北界，越冬于南方。在中国，繁殖于东北、西北，越冬至北纬35°以南。在当地，春、秋迁徙时常结大群；栖于芦苇沼泽及河道、池塘中。

识别要点 雄鸟白色眉纹可显著区别于其他；雌鸟脸显白色，具褐色贯眼纹。

琵嘴鸭

Northern Shoveller
Anas clypeata

L50 旅鸟 ●●●●●

分类地位 鸭科 Anatidae [河]鸭属 *Anas*

形态特征 雄鸟：嘴长，末端呈匙形；头深绿色，下体白色，腹部栗色；飞行时，浅灰蓝色的翼上覆羽与绿色翼镜成对比。雌鸟：嘴黄褐色，呈匙形；体背暗褐色，下体满布棕色羽斑。

分布与习性 繁殖于全北界，越冬于南方。在中国，繁殖于东北及西北，越冬于北纬35° 以南。在当地，春、秋迁徙季节常见；喜沿海滩涂、芦苇沼泽。

识别要点 嘴长，末端呈匙形；腹侧具栗色大斑，明显与其他鸭类不同。

雌鸟 / 摄影：张锡贤

雄鸟 / 摄影：张锡贤

雌鸟 / 摄影：朱英

雄鸟 / 摄影：朱英

雌（左）雄（右）/ 摄影：陈建中

赤嘴潜鸭

Red-crested Pochard
Netta rufina

L55 旅鸟 ●●○○○

分类地位 鸭科 Anatidae 狭嘴潜鸭属 *Netta*

形态特征 雄鸟：嘴红色，头、颈锈红色，上体褐红色，下体黑色，两肋白色；飞翔时翼具白色宽带。雌鸟：嘴黑色而尖黄色，头顶黑褐色而脸侧及喉白色，体褐色，两肋无白色。

分布与习性 繁殖于东欧及西亚，越冬于地中海、中东及印度、缅甸。在中国，繁殖于西北，越冬散布于华中、东南及西南各处。在当地，迁徙时偶见；栖于水库、芦苇沼泽中。

识别要点 雄鸟红色的嘴及头部与黑色的颈、胸对比明显。雌鸟嘴黑色而尖黄色，脸侧白色。

红头潜鸭

Common Pochard
Aythya ferina

L46　旅鸟　●●●●●

分类地位　鸭科 Anatidae　潜鸭属 *Aythya*

形态特征　雄鸟：嘴黑色且具灰色次端斑；头、颈红色，胸黑色，体背及胁具细密白色斑纹，腹白色。雌鸟：头、颈棕色，脸侧显淡并具白色外缘；体背淡灰色无斑纹。

分布与习性　分布于西欧至中亚，越冬于北非、印度及中国南部。在中国，繁殖于西北，越冬至华东及华南。在当地，春、秋迁徙时常见；集群栖于芦苇沼泽及有水生植被的池塘、河流中。

识别要点　与帆背潜鸭相似，区别在于嘴黑色且具灰色次端斑，体型小，嘴及颈显小，额部显外凸。

摄影：刘月良

摄影：李在军

青头潜鸭

Baer's Pochard
Aythya baeri

L45　旅鸟　●○○○○

分类地位　鸭科 Anatidae　潜鸭属 *Aythya*

形态特征　雄鸟：眼白色，头、颈青绿色；上体黑褐色，下体胸及胁暗栗色，腹白色延至胁侧，尾下覆羽白色。雌鸟：似雄鸟，但眼褐色，体色淡褐色，嘴角有淡色圆斑。

分布与习性　分布于西伯利亚及中国东北，越冬在东南亚。在中国罕见，繁殖在东北，越冬于华南。在当地，迁徙时偶见，数量较少，混于红头潜鸭群内；栖于芦苇沼泽及有水生植被的池塘、河流中。

识别要点　与白眼潜鸭的区别在于头青绿色，腹部白色延至胁侧。与凤头潜鸭的区别在于头部无冠羽，体型较小，两侧白色块线条不够整齐，尾下羽白色。

白眼潜鸭

Ferruginous Duck
Aythya nyroca

L41 旅鸟 ●●●○○

分类地位 鸭科 Anatidae 潜鸭属 *Aythya*

形态特征 雄鸟：虹膜白色；头、颈、胸及两胁浓栗色，上体黑褐色，腹及尾下覆羽白色；飞行时，飞羽具白色翼带及黑色后缘。雌鸟：似雄鸟，但虹膜褐色，体色棕褐色。

分布与习性 分布于古北区，越冬于非洲、中东、印度及东南亚。在中国，繁殖在新疆、内蒙古等地，越冬于长江中游地区、云南西北部。在当地，春、秋季节常单独或小群体栖居于有水草的池塘、沼泽、河流，有的个体滞留至5月；是否繁殖有待观察。

识别要点 与凤头潜鸭雌鸟相似，区别在于尾下覆羽白色，嘴上无黑色次端带，缺少头顶冠羽。

摄影：陈建中

摄影：李在军

摄影：孙劲松

雄鸟 / 摄影：陈建中

雌鸟 / 摄影：Kyoku

雄鸟 / 摄影：Kyoku

凤头潜鸭

Tufted Duck
Aythya fuligula

L42　冬候鸟　●●●●●

分类地位　鸭科 Anatidae　潜鸭属 *Aythya*

形态特征　雄鸟：嘴灰色而尖黑色，眼黄色，具冠羽。头、颈紫黑色，上体黑褐色，下体腹部及体侧白色；尾下覆羽黑色。雌鸟：嘴基具白色斑；上体褐色，下体棕褐色，两胁具不明显横纹；有的个体尾下覆羽白色。

分布与习性　繁殖于整个北古北区，越冬于南方。在中国，繁殖于东北，越冬于华南。在当地，迁徙期常见，部分于 11月至翌年3月越冬；常集小群体栖于河流、池塘、水库及芦苇沼泽中。

识别要点　具冠羽。雄鸟上体黑褐色，下体腹部及体侧白色，对比明显；雌鸟尾下覆羽有白色个体，嘴基具白色斑，下体棕褐色，两胁具不明显横纹，区别于其他。

斑背潜鸭 Greater Scaup *Aythya marila*

L48 旅鸟 ○?

分类地位 鸭科 Anatidae 潜鸭属 *Aythya*

形态特征 雄鸟：嘴灰蓝色，眼黄色，头、颈黑色且具绿色光泽，胸黑色；体背具白色细纹，翼黑色；腹及胁白色；尾覆羽黑色。雌鸟：嘴基具大块白色斑；头、颈黑褐色，体羽棕褐色。

分布与习性 分布于全北界，繁殖于亚洲北部，越冬在温带沿海水域。在中国为罕见冬候鸟，迁徙时见于黄海地区。在当地，迁徙时可能分布于沿海，但极少见到。

识别要点 雄鸟体背具白色细纹，区别于头部显青色或黑色的潜鸭；雌鸟与凤头潜鸭的区别在于无明显冠羽，且嘴基具明显大块白色斑。

雄鸟 / 摄影：张锡贤

雌鸟 / 摄影：张锡贤

摄影：袁晓

斑脸海番鸭

Velvet Scoter
Melanitta fusca

L56 旅鸟 ○?

分类地位 鸭科 Anatidae 海番鸭属 *Melanitta*

形态特征 雄鸟：眼白色，宽嘴红色而尖黄色，嘴基具黑色肉瘤；体全黑色，眼下及眼后白色。雌鸟：嘴黑色，体色烟褐色，嘴后和耳羽各具1个白色点；次级飞羽白色，飞翔时明显。

分布与习性 分布于北半球，亚洲种群越冬于朝鲜及日本海域。在当地，迁徙时可能经过近海，但近几年无野外记录。

识别要点 体矮胖。雄鸟体黑色而眼及眼后白色；雌鸟体色烟褐色，次级飞羽白色可区别于黑海番鸭。

鹊鸭

Common Goldeneye
Bucephala clangula

L48 旅鸟 ●●●○○

分类地位 鸭科 Anatidae 鹊鸭属 *Bucephala*

形态特征 雄鸟：嘴黑色，眼黄色；头大而高耸，具绿色光泽，近嘴处具白色斑；胸、腹及次级飞羽白色。雌鸟：嘴黑色而尖黄色（有时无），眼黄色；颈具白色颈环；头褐色，体羽灰色且具近白色扇贝形纹。

分布与习性 分布于全北界。繁殖在亚洲北部，越冬于中国中部及东南部。在当地，迁徙季节常见；集小群栖于河道及芦苇沼泽中。

识别要点 雄鸟脸具白色斑，头大高耸；雌鸟嘴尖黄色，颈具白色颈环，可区别于其他。

雄鸟 / 摄影：陈建中

雌鸟 / 摄影：李在军

雄鸟 / 摄影：刘庆堂

摄影：李在军

摄影：刘月良

斑头秋沙鸭

Smew
Mergellus albellus

L40 冬候鸟 ●●●●●

分类地位 鸭科 Anatidae 白秋沙鸭属 *Mergellus*

形态特征 雄鸟：除眼周、枕、背黑色外，其余体色白色；体侧具灰色蠕虫状细纹。雌鸟：头顶栗红色，眼周黑色，喉及脸侧白色；体背黑褐色，胸、胁灰褐色，翼具白色狭斑。

分布与习性 分布于北欧及北亚，越冬于印度北部、中国及日本。在当地，11月至翌年3月越冬；集小群栖于池塘、河流、水库及芦苇沼泽中。

识别要点 雄鸟嘴尖长，体除眼周、枕、背黑色外，其余体色白色；雌鸟头顶栗红色，喉及脸侧白色。

红胸秋沙鸭

Red-breasted Merganser
Mergus serrator

L53 旅鸟 ●○○○○

分类地位 鸭科 Anatidae 秋沙鸭属 *Mergus*

形态特征 雄鸟：眼红色，头绿黑色且具丝状冠羽，胸红色，两者间具白色颈环。雌鸟：嘴红色且稍上翘；头棕褐色，与灰白色的胸无明显过渡，体羽灰褐色。

分布与习性 分布于全北界、印度、中国，越冬于东南亚。在中国，繁殖于黑龙江北部，越冬于东南沿海省份。在当地，数量较少，偶见；栖于河流及芦苇沼泽中。

识别要点 与普通秋沙鸭的区别为雄鸟胸红色，具白色颈环；雌鸟嘴红色且稍上翘，且头与胸部间无明显过渡的界线。

雄鸟 / 摄影：张锡贤

雌鸟 / 摄影：陈建中

雄鸟 / 摄影：刘月良

雌鸟 / 摄影：李在军

普通秋沙鸭

Common Merganser
Mergus merganser

L68 冬候鸟 ●●●●●

分类地位 鸭科 Anatidae 秋沙鸭属 *Mergus*

形态特征 雄鸟：嘴红色，细长尖带钩；头及体背绿黑色，枕后具短冠羽；胸及下体白色；飞行时，次级飞羽及翼覆羽白色。雌鸟：颏白色；头棕褐色并与白色颈有明显界线；上体深灰色，下体胸侧及胁浅灰色。

分布与习性 北半球有广泛分布。在中国，繁殖于西北及东北，越冬于黄河以南。在当地，11月至翌年3月越冬；喜结群栖于芦苇沼泽、河流及水库中。

识别要点 与红胸秋沙鸭的区别为雄鸟头绿黑色，无红色胸及白色颈环；雌鸟棕褐色头与白色颈有明显界线。

中华秋沙鸭

Scaly-sided Merganser
Mergus squamatus

L58 旅鸟 ●○○○○

分类地位 鸭科 Anatidae 秋沙鸭属 *Mergus*

形态特征 雄鸟：头及体背绿黑色，枕后具长冠羽；胁及腹下具黑色鳞状纹。雌鸟：似雄鸟，但体色较灰。

分布与习性 繁殖在西伯利亚、朝鲜北部及中国东北；越冬于中国的华南、华中及日本、朝鲜。在当地，4月、11月偶有记录；成对或小群栖于水库、河流及芦苇沼泽中。

识别要点 胁及腹下具黑色鳞状纹为其明显特征，可区别于其他秋沙鸭。

雄鸟／摄影：邹强

摄影：袁晓

雌（左）雄（右）／摄影：邹强

隼形目

FALCONIFORMES

全世界共有5科311种。中国有3科64种。黄河三角洲有3科30种。

鹗科：善于潜入水中捕鱼，爪两趾向前、两趾向后。当地有1种。

鹰科：嘴尖锐弯曲呈钩状，嘴基具蜡膜，鼻孔非圆形，翼宽大而圆，脚强健有力并带钩。有多种色型变化。当地有22种。

隼科：嘴短，先端钩曲，具明显齿突。鼻孔圆，中间有丘状凸出。颈短，脚强健而粗。飞翔时，翅狭长而尖，初级飞羽不分叉。当地有7种。

摄影：祝芳振

鹗

Osprey
Pandion haliaetus

L55 旅鸟 ●●●○○

分类地位 鹗科 Pandionidae 鹗属 *Pandion*

形态特征 头顶白色略具羽冠，耳羽黑褐色延至后颈；上体黑褐色，下体白色，胸具棕色纵纹；脚白色被羽；飞翔时，两翼窄长而成弯角，下体与翼下白色，翼下与翅间具黑色条带；趾间具刺。

分布与习性 全世界有分布广泛，但一般罕见。在当地，4~5月和9~11月不定期出现。食鱼类猛禽，生活在湿地环境中，善于潜入水中捕鱼或在水面缓慢盘旋或振翅停在空中，发现猎物后迅速扎入水中。爪两趾向前、两趾向后以便抓取猎物，防止脱落。

摄影：李伟仁

摄影：袁晓

摄影：李伟仁

摄影：陈建中

凤头蜂鹰

Oriental Honey Buzzard
Pernis ptilorhynchus

L58　旅鸟　●●●○○

分类地位　鹰科 Accipitridae　蜂鹰属 *Pernis*

形态特征　头小、颈长，两翼及尾均狭长，凤头有时不明显，具多种色型及不同生长期而体色多变。飞行时，头相对小而颈显长，具较宽的翼次端带及尾次端带。

分布与习性　分布于古北界东部、印度及东南亚。在当地，迁徙时经过，作短暂停歇；飞行时，振翼几次后便作长时间滑翔，两翼平伸翱翔于高空；有偷袭蜜蜂及黄蜂巢的怪习。

黑翅鸢

Black-winged Kite
Elanus caeruleus

L30 留鸟 ●●●●●

分类地位 鹰科 Accipitridae 黑翅鸢属 *Elanus*

形态特征 眼暗红色，眼周黑色，具白色眉纹；上体及翼灰色，具黑色翼上覆羽色块；下体白色。飞翔时，上体灰而翼上覆羽黑色，下体及翼下覆羽白色而初级飞羽黑色；常有振羽悬停动作。

分布与习性 分布于非洲、欧亚大陆及印度、中国等地，中国沿海多省有分布。在当地为留鸟，繁殖于刺槐林间，从3月至10月间产卵，受食物影响产3~4窝卵；主食鼠类、蛙类、蛇等；喜停歇于林缘高处、路边电线杆等处。

幼鸟 / 摄影：祝芳振

摄影：李在军

摄影：陈建中

黑鸢

Black Kite
Milvus migrans

L65 旅鸟 ●●○○○

分类地位 鹰科 Accipitridae 鸢属 *Milvus*

形态特征 耳羽黑色，嘴基及嘴裂常灰青色而显色淡；全身深褐色，上体翼覆羽羽缘色淡，头及下体具粗的针状黄色羽轴。飞翔时，初级飞羽基部具明显的浅色次端斑，尾略显分叉。

分布与习性 分布于非洲、印度至澳大利亚。在当地，4~5月和10~11月常见，停歇于居民区、村庄周围及水域附近。

玉带海雕

Pallas's Fish Eagle
Haliaeetus leucoryphus

L80 旅鸟 ●○○○○

分类地位 鹰科 Accipitridae 海雕属 *Haliaeetus*

形态特征 成鸟：嘴青灰色，全身深褐色而头、颈及胸淡白色；翔时，楔形尾白色而尾端黑色，翼下覆羽黑色，与灰色翅对比色淡。亚成鸟：似成鸟，但耳羽色深，体羽具淡色羽缘；飞翔时，初级飞羽具白色斑，翼下覆羽具白色宽翼带。

分布与习性 分布于伊拉克至中亚、印度北部及缅甸。在中国为不常见留鸟及季候鸟。在当地，10~11月偶见，活动于芦苇沼泽；栖于周围树或柱子上，俯冲捕食近水面的鱼类。

亚成鸟 / 摄影：BJ老宋

摄影：朱英

亚成鸟 / 摄影：BJ老宋

摄影：丁洪安

摄影：陈建中

摄影：丁洪安

白尾海雕

White-tailed Sea Eagle
Haliaeetus albicilla

L85　旅鸟　●○○○○

分类地位　鹰科 Accipitridae　海雕属 *Haliaeetus*

形态特征　成鸟：嘴形粗大，黄色；体羽黑褐色，头及胸棕色，体背及翼覆羽淡褐色，形成独特的“芝麻斑”；飞翔时，尾全白色，翼黑褐色。亚成鸟：嘴青灰色，嘴基色淡；全体棕褐色，头、颈深棕色；羽片带灰白色而显杂；尾淡黄色或褐白色。

分布与习性　分布于格陵兰、欧洲、亚洲北部及中国、日本、印度。在中国为不常见季候鸟。在当地，迁徙时不定期出现；栖于近海及水域附近的树杆及高处；飞行时，振翅甚缓慢；高空翱翔时，两翼弯曲略向上扬。

识别要点　与玉带海雕的区别在于嘴形粗大，尾全白色，体背具独特的“芝麻斑”，又名“芝麻雕”。

秃 鹫

Cinereous Vulture
Aegypius monachus

L100 旅鸟 ●○○○○

分类地位 鹰科 Accipitridae 秃鹫属 *Aegypius*

形态特征 成鸟：嘴粗呈管状，尖黑色而嘴基铅灰色；全体乌褐色，头、颈部黑色，具松散的簇羽；飞翔时常缩脖，两翼长而宽，具平行的翼缘，后缘明显内凹，翼尖的7枚飞羽散开呈深叉形。亚成鸟：似成鸟，体色多呈棕褐色，眼周黑色。

分布与习性 分布于西班牙、巴尔干地区、土耳其至中亚及中国北部。在当地，10月下旬至11月有记录；栖于近海滩涂。

摄影：朱英

雄鸟 / 摄影：孙劲松

雌鸟 / 摄影：陈建中

雄鸟 / 摄影：陈建中

雌鸟 / 摄影：丁洪安

白腹鹞

Eastern Marsh Harrier
Circus spilonotus

L50 旅鸟 ●●○○○

分类地位 鹰科 Accipitridae 鹞属 *Circus*

形态特征 雄鸟：喉及胸黑色且满布白色纵纹；飞翔时，体背及翼覆羽黑色，翼灰色而尖黑色。雌鸟：体羽深褐色，头顶、颈背、喉及前翼缘皮黄色，头顶及颈背具深褐色纵纹，尾具横斑，腰褐色而非白色；一些个体头部全皮黄色，胸具皮黄色块斑。亚成鸟：似雌鸟但色深，仅头顶及颈背为皮黄色。

分布与习性 繁殖于东亚，越冬于东南亚。在中国，繁殖于东北，越冬于北纬30°以南。在当地，迁徙季节常见；喜芦苇沼泽；于低空优雅滑翔，有时停滞空中，飞行时显沉重。

白尾鹞

Hen Harrier
Circus cyaneus

L50 留鸟 ●●●●●

分类地位 鹰科 Accipitridae 鹞属 *Circus*

形态特征 雄鸟：头、颈及胸灰色。上体灰色，腰白色；下体胸以下白色；飞翔时，翼及尾灰色而翼尖黑色，腰白色。雌鸟：脸部具深褐色月牙形耳斑；上体暗褐色，翼覆羽常具白色羽缘，腰白色；下体白色，具棕黄色纵纹；飞翔时，翼下覆羽褐色，翼白色且具数条黑色横带。

分布与习性 繁殖于全北界，越冬至北非、中国南方、东南亚等地。在当地为留鸟；喜芦苇沼泽；常在低空飞翔，滑翔时两翼呈“V”字形。

识别要点 雄鸟头、体背及翼均灰色；雌鸟脸部月牙形斑明显，飞翔时，覆羽褐黑色且多具白色羽缘。

雄鸟／摄影：陈建中

雌鸟／摄影：陈建中

雌鸟／摄影：丁洪安

雄鸟 / 摄影：丁洪安

雌鸟 / 摄影：刘月良

鹊鹞

Pied Harrier
Circus melanoleucos

L42 留鸟 ●●●●●

分类地位 鹰科 Accipitridae 鹞属 *Circus*

形态特征 雄鸟：头、体背及喉、胸黑色，腹以下白色；飞翔时，体背黑色呈独特的“十”字形，翼灰色而尖黑色。雌鸟：眉纹细长、眼下斑纹不明显；上体暗褐色，翼覆羽及尾羽灰白色且具横带，腰白色；下体白色，有棕色纵纹；飞翔时，翼上覆羽灰白色且具黑色横纹，翼下覆羽褐色，翼白色且具多条细黑色横带。

分布与习性 繁殖于东北亚，越冬于东南亚等地。在中国，繁殖于东北，越冬于华南及西南。在当地为留鸟，喜芦苇沼泽，常在低空飞翔，滑翔时两翼呈“V”字形。

识别要点 与白尾鹞的区别在于雄鸟头、体背黑色而翼灰色且具白色斑；雌鸟飞翔时，覆羽灰白色且具黑色横纹。

日本松雀鹰

Japanese Sparrow Hawk
Accipiter gularis

L27 旅鸟 ●●●○○

分类地位 鹰科 Accipitridae 鹰属 *Accipiter*

形态特征 雄鸟：虹膜红色或黄色，眼圈黄色；喉白色，无明显髭纹；上体深灰色，下体胸浅棕色，腹部具非常细的羽干纹；尾具横斑但较窄。雌鸟：喉白色且具细喉央纹；上体褐色，下体少棕色但具浓密的褐色横斑。

分布与习性 繁殖于古北界东部，越冬于东南亚等地。在中国，繁殖于东北各省，越冬于北纬32° 以南。在当地，4~5月和9~11月迁徙时可见；喜森林，在村庄、农田、树缘常见；振翼迅速，结群迁徙。

亚成鸟 / 摄影：大连红隼

幼鸟 / 摄影：祝芳振

摄影：丁洪安

赤腹鹰

Chinese Goshawk
Accipiter soloensis

L33 夏候鸟 ●●●○○

分类地位 鹰科 Accipitridae 鹰属 *Accipiter*

形态特征 雄鸟：虹膜红色，蜡膜橘黄色；上体蓝灰色；下体喉白色，胸、腹棕褐色，腹下白色；尾灰色，无横斑；飞翔时，翼下白色而翅端黑色。雌鸟：似雄性，但虹膜褐色，上体暗灰色，下体胸、腹红褐色，中央尾羽具暗色横斑。亚成鸟：上体暗褐色，喉、胸具黑色纵纹，腹具棕色矛状纹。

分布与习性 繁殖于东北亚及中国，越冬于东南亚等地。在当地，有少量个体繁殖，但在4~5月和9~11月迁徙季节更常见；喜开阔林区，常追逐小鸟，也吃青蛙；通常从栖处捕食，捕食动作快，有时在上空盘旋。

识别要点 与日本松雀鹰相似，雄鸟的区别在于无喉央线，眼睛红色，下体胸、腹横纹几无；雌鸟无喉央线，胸、腹红褐色，横纹几无；亚成鸟喉、胸具黑色纵纹，且较粗；飞翔时，翼下白色而翅端黑色。

松雀鹰

Besra Sparrow Hawk
Accipiter virgatus

L33 旅鸟 ●●●●●

分类地位 鹰科 Accipitridae 鹰属 *Accipiter*

形态特征 成鸟：喉白色，具黑色喉央线及髭纹；上体深灰色，尾具粗横斑；下体白色，胸具棕色纵纹而胁具横斑。亚成鸟：似成鸟，但胸部纵纹较多。

分布与习性 分布于印度、中国、东南亚等地。在当地，4~5月和9~11月迁徙时经过；在林间静立伺机找寻爬行类、小型兽类或鸟类等猎物。

识别要点 黑色喉央线延到胸，并与胸纹融合，尾横斑粗，可区别于其他。

影：付建智

摄影：付建智

摄影：陈建中

摄影：李在军

雀　鹰

Eurasian Sparrow Hawk
Accipiter nisus

L32（雄）、L38（雌）　旅鸟　●●●●●

分类地位 鹰科 Accipitridae　鹰属 *Accipiter*

形态特征 雄鸟：喉白色且无纵纹，脸颊棕色，具白色眉；上体褐灰色，下体具细密棕色横纹，尾具细横带。雌鸟：脸颊棕色较淡，下体细密横纹为白色。亚成鸟：脸颊褐色较深；下体白色且具矛状纵纹斑。

分布与习性 繁殖于古北界，迁徙至非洲、印度、东南亚。在当地，4~5月和9~11月迁徙时常见；喜林缘或开阔林区。

识别要点 无黑色喉央线，脸颊棕色或色深，且胸部为横纹而不是纵纹，可区别于其他。

苍鹰

Northern Goshawk
Accipiter gentilis

L56 旅鸟 ●●●●●

分类地位 鹰科 Accipitridae 鹰属 *Accipiter*

形态特征 成鸟：头具白色的宽眉纹，喉白色且具细纵纹；上体灰黑色，下体白色且具细密横纹。亚成鸟：上体褐色浓重，羽缘色浅成鳞状纹，下体棕黄色且具偏黑色粗纵纹。

分布与习性 分布于北美洲、欧亚区、北非。在当地，4~5月和9~11月迁徙时常见，常停栖于空旷地的高处；两翼宽圆，能做快速翻转扭绕；主要食物为鸽类，但也捕食可猎捕的其他鸟类及哺乳动物，如野兔。

识别要点 成鸟白色眉与深灰色的上体对比明显，亚成鸟棕黄色下体且具偏黑色粗纵纹而无横纹，区别于其他。有的苍鹰过渡期体色与雀鹰的相似，通过喉部细纵纹加以区分。

摄影：刘月良

摄影：张锡贤

摄影：袁晓

灰脸鵟鹰

Grey-faced Buzzard
Butastur indicus

L45 旅鸟 ●○○○○

分类地位 鹰科 Accipitridae 鵟鹰属 *Butastur*

形态特征 成鸟：眼黄色，眉白色而粗，脸侧灰色，喉白色且具黑色髭纹、喉央纹；上体褐色，颈侧具纵纹；下体红褐色，具白色横纹，胸部呈红褐色块斑，臀白色；飞翔时，翼下覆羽具红褐色纵纹，翼及尾具数条横带。亚成鸟：似成鸟，但体背具纵纹，下体为红褐色纵纹，仅在肋部具横纹。

分布与习性 繁殖于东北亚，越冬于东南亚。在中国，繁殖于东北，越冬于青海、长江以南。在当地，迁徙期偶见，栖于林缘，常近地面飞翔，以昆虫、蛙类和鱼类为食。

毛脚鵟

Rough-legged Hawk
Buteo lagopus

L54 冬候鸟 ●●●○○

分类地位 鹰科 Accipitridae 鵟属 *Buteo*

形态特征 头、颈白色，腹深棕色，脚及臀部白色，尾白色而端黑色。飞翔时，除翼端及翼角黑色外其余翼部分白色，尾白色而端黑色。

分布与习性 分布于全北界。在中国为冬候鸟及候鸟。在当地，10月下旬至翌年4月可见；喜开阔地；常徘徊飞行，飞行时似大型鹞类。

识别要点 与其他鵟的区别在于头、颈白色，尾被白色羽；飞翔时，翼下白色，尾白色而端黑色。

摄影：陈建中

摄影：陈建中

摄影：丁洪安

摄影：刘月良

普通鵟

Common Buzzard
Buteo buteo

L55 冬候鸟 ●●●●●

分类地位 鹰科 Accipitridae 鵟属 *Buteo*

形态特征 成鸟：额及喉深褐色；上体暗褐色；下体白色，胸具棕色纵纹，腹及胁呈棕色块，脚及臀显白色；飞翔时，翼尖及翼角黑色，翼下覆羽棕褐色，翼白色且具多条黑色横纹；棕色型下体纵纹浓密，脚棕色。亚成鸟：似成鸟，但体色较淡，头部显白色，翼具白色羽缘，下体纵纹较稀。

分布与习性 繁殖于古北界及喜马拉雅山脉，越冬于北非、印度及东南亚。在当地，有少数种群越冬，但迁徙期更常见；常单独活动，栖于路边电线杆或开阔地的高处。

识别要点 与其他鵟的区别在于额及喉深褐色，腹及胁呈棕色块，但有多种色型变化，常难以区分。

大鵟

Upland Buzzard
Buteo hemilasius

L70　冬候鸟　●●●●●

分类地位　鹰科 Accipitridae　鵟属 *Buteo*

形态特征　喉白色；上体暗褐色，下体白色，胸纵纹少而显白色；腹、胁及脚深棕色。飞翔时，翼尖黑色，与白色初级飞羽对比明显，翼下覆羽棕褐色。

分布与习性　分布于青藏高原、蒙古、中国中部及东部。在中国北方常见，有的亚种在华中及华东越冬。在当地，迁徙期常见，有的个体越冬；常单独活动，栖于路边电线杆或开阔地的高处。

识别要点　与其他鵟的区别在于喉白色，胸纵纹少而显白色，飞翔时初级飞羽具大白色斑，有多种色型变化。

摄影：李在军

摄影：李伟仁

摄影：李伟仁

摄影：李伟仁

乌雕

Greater Spotted Eagle
Aquila clanga

L70 旅鸟 ●●○○○

分类地位 鹰科 Accipitridae 雕属 *Aquila*

形态特征 成鸟：全体深褐色；臀白色，尾黑色且无横斑；飞翔时，尾上覆羽具白色的“U”形斑。亚成鸟：似成鸟，上体具白色点斑，翅具白色横带。

分布与习性 繁殖于中国北方，越冬或迁徙经中国南方。在当地，不定期出现且不常见；栖于开阔平原、草地及水域附近的开阔地。

识别要点 与林雕的区别在于成鸟尾黑色且无横斑，尾上覆羽白色；幼鸟体色黑褐色，翼具点斑，翅具横带。

草原雕

Steppe Eagle
Aquila nipalensis

L65 旅鸟 ●○○○○

分类地位 鹰科 Accipitridae 雕属 *Aquila*

形态特征 成鸟：体羽深褐色；头、颈色淡，肩羽及翼覆羽具棕白色羽轴及羽端；翼具2道浅翼带；尾具暗横带；飞翔时，翼下覆羽黄褐色，常具白色翼带。亚成鸟：体羽黄褐色，翼覆羽淡黄色，具皮黄色羽轴；下体棕黄色且无粗羽轴；飞翔时，翼及下体均棕黄色且无纵纹。

分布与习性 繁殖于阿尔泰山、蒙古及西伯利亚东南部，越冬于印度北部、中国南方及东南亚。在中国，常见于北方的干旱平原，迁徙时见于多数地区。在当地，迁徙时偶见，喜开阔草地、田野；觅食时空中翱翔，饱食后于栖处长时间休息。

识别要点 亚成鸟与白肩雕相似，但下体棕黄色而无粗羽轴。飞翔时，翼及下体均棕黄色，无纵纹。

摄影：张永

摄影：朱英

摄影：李伟仁

摄影：李伟仁

摄影：李伟仁

摄影：李伟仁

白肩雕

Imperial Eagle
Aquila heliaca

L75 旅鸟 ●○○○○

分类地位 鹰科 Accipitridae 雕属 *Aquila*

形态特征 成鸟：全体黑褐色，额及喉黑色，头顶及颈背皮黄色，肩部具白色斑；尾灰色而端黑色，有对比；飞行时，身体及翼下覆羽全黑色，翼灰色且具浅色翼带，尾具灰色横斑。亚成鸟：全体黄褐色，翼上覆羽具黄褐色羽轴，具2道翼斑；头、颈及下体具棕黄色粗羽轴；脚及尾黄色。

分布与习性 分布于古北界、印度西北及中国。在中国为不常见的季候鸟。在当地，迁徙时偶见；栖于开阔近水的草地，飞翔缓慢。

识别要点 亚成鸟与草原雕相似，但下体棕黄色且具粗羽轴。飞翔时，翼及下体均具纵纹。

金雕

Golden Eagle
Aquila chrysaetos

L85 旅鸟 ●●●○○

分类地位 鹰科 Accipitridae 雕属 *Aquila*

形态特征 成鸟：嘴巨大，蜡膜、嘴裂黄色；上体赤褐色，枕至后颈金黄色，体背具紫色光泽；下体黑褐色；尾褐色，具横斑。亚成鸟：体色黑褐色，尾基白色而端黑色；飞翔时，下体及翅黑色，翅基具大块白色斑，尾白色而端黑色。

分布与习性 分布于北美洲、欧洲、中东、东亚及西亚、北非。在中国分布广泛但不常见。在当地，不定期出现，于湿地内有多次记录，有时停歇于城市楼顶。

识别要点 成鸟枕至后颈金黄色；亚成鸟尾白色而端黑色，翼下具大块白色斑，易区别于其他大型猛禽。

摄影：Kyoku

雄鸟 摄影：朱英

黄爪隼

Lesser Kestrel
Falco naumanni

L30 旅鸟 ●●●○○

分类地位 隼科 Falconidae 隼属 *Falco*

形态特征 雄鸟：头灰色而喉白色，无眼下斑；上体赤褐色，下体淡黄色且具稀疏细纵纹；后爪色淡。雌鸟：由头顶开始的上体红褐色且具横斑及点斑，下体红棕色且具深色纵纹，尾具横纹。

分布与习性 分布于欧洲南部及北非至中亚、印度、缅甸、老挝和中国北方。在中国为不常见的季候鸟。在当地，迁徙时可见，常单独或成对迁徙；栖于灌丛或林缘，有时到农田、村庄附近觅食。

识别要点 与红隼雄鸟的区别在于无黑色眼下斑，体背赤褐色且无黑色横斑，下体纵纹稀；与红隼雌鸟易混，区别在于眼下斑短，脸颊色深。飞翔时，翅下白色，仅有少量棕色横斑。如果可见后爪，后爪色淡可以用来辅助识别。

红 隼

Common Kestrel
Falco tinnunculus

L33 留鸟 ●●●●●

分类地位 隼科 Falconidae 隼属 *Falco*

形态特征 雄鸟：头顶及颈背灰色，具眼下斑；上体赤褐色且具黑色横斑，尾蓝灰色且具黑色次端带；下体皮黄色且具黑色纵纹；飞翔时，翼下白色且具细密纵纹。雌鸟：与雄鸟相似，但头顶为红褐色，上体多具粗横斑，尾红褐色且具横带。

分布与习性 分布于非洲、古北界、印度及中国。在当地，夏季数量少，但其他季节常见；分布在多种环境中，常栖于路边电线杆及树冠上。

识别要点 与黄爪隼相似，与雄鸟的区别在于具黑色眼下斑，体背赤褐色且具黑色横斑，下体具粗的黑色纵纹；与雌鸟易混，区别在于眼下斑长，脸颊色淡，后爪黑色。飞翔时，翼下白色且具细密纵纹。

雄鸟 / 摄影：丁洪安

雄鸟 / 摄影：陈建中

雌鸟 / 摄影：陈建中

雄鸟 / 摄影：陈建中

雌鸟 / 摄影：刘月良

雄鸟 / 摄影：刘月良

雌鸟 / 摄影：刘月良

红脚隼

Amur Falcon
Falco amurensis

L31　旅鸟　●●●●●

分类地位　隼科 Falconidae　隼属 *Falco*

形态特征　雄鸟：蜡膜及眼圈橙红色；上体及翼黑色；下体灰色，臀棕红色；脚红色；飞行时翼下覆羽为白色。雌鸟：额白色，脸侧白色，具眼下斑；上体青灰色，具细灰羽轴；下体乳白色，胸具醒目的黑色纵纹；飞行时，翼下白色并具黑色点斑及横斑。

分布与习性　繁殖于西伯利亚至朝鲜北部及中国中北部、东北，越冬于非洲。在当地，春、秋迁徙期常见；喜立于电线杆及树冠上，迁徙时结成大群。

识别要点　雄鸟与西红脚隼的区别在于飞行时翼下覆羽为白色而非黑色。雌鸟与燕隼的区别在于眼下斑细，蜡膜及眼圈红色，脚红色，腹及臀白色。

灰背隼

Merlin
Falco columbarius

L30 旅鸟 ●●●●●

分类地位 隼科 Falconidae 隼属 *Falco*

形态特征 雄鸟：眉纹白色而细长，颈后侧土黄色；上体蓝灰色且具细黑色羽轴；下体土黄色且具黑色纵纹；飞翔时，上体翼及尾灰色，翼尖及尾次端黑色。雌鸟：上体红褐色且具细黑色羽轴，翼具点斑；下体白色且具粗棕色纵纹；飞翔时，翼下黄棕色且具白色点斑，翼及尾具黑白色横纹。

分布与习性 分布于全北界，越冬时南迁。在当地，春、秋迁徙时见；喜沼泽湿地及开阔草地、农田；站于灌丛或高处伺机捕食猎物。

识别要点 具细白色眉纹。雄鸟上体灰色，雌鸟下体白色而具粗棕色纵纹，区别于红隼。

雌鸟／摄影：刘月良

雌鸟／摄影：李在军

幼鸟 / 摄影：丁洪安

摄影：陈建中

摄影：陈建中

燕隼

Eurasian Hobby
Falco subbuteo

L30 旅鸟 ●●●●●

分类地位 隼科 Falconidae 隼属 *Falco*

形态特征 成鸟：眉纹细短，具眼下斑，脸侧白色，蜡膜及眼圈黄色；上体灰色且具细黑色羽轴而无横纹，下体白色且具黑色粗纵纹，臀及跗趾棕红色。亚成鸟：似成鸟，但下体白色且具褐色纵纹，臀部白色而非棕红色。

分布与习性 分布于非洲、古北界、喜马拉雅山脉、中国及缅甸，南迁越冬。在当地，迁徙期常见；单独或成对活动；飞行迅速，于飞行中捕捉昆虫及鸟类；喜开阔地及有林地带。

识别要点 与雌红脚隼的区别在于上体无横纹，眼下斑粗，脸颊白色而有小块竖斑，蜡膜、眼圈、脚黄色，腹及臀红色。

猎隼

Saker Falcon
Falco cherrug

L50 旅鸟 ●●●○○

分类地位 隼科 Falconidae 隼属 *Falco*

形态特征 成鸟：眉白色延至后颈变散；脸侧白色，眼下斑细长。上体褐色且具红褐羽缘及点斑；下体白色，胸侧纵纹稀疏而显白色，腹部纵纹变密；飞翔时，翼下覆羽具黑色细纹，与翼过渡区黑色且具白色点斑。亚成鸟：上体褐色深沉，下体满布黑色或褐色纵纹。

分布与习性 分布于中欧、北非、印度北部、中亚至蒙古及中国。在当地，迁徙期见于河流、沼泽及树林等多种环境中，有时休息于高压电线杆等高处；因体型大，可捕食野鸭、野兔等。

识别要点 具多种色型。与游隼的区别在于眼下斑细长，具细眉纹；下体胸显白色，多纵纹而腹无横纹。

幼鸟／摄影：丁洪安

摄影：陈建中

摄影：李伟仁

摄影：袁晓

游隼

Peregrine Falcon
Falco peregrinus

L45 旅鸟 ●●●●○

分类地位 隼科 Falconidae 隼属 *Falco*

形态特征 成鸟：头黑色，脸颊白色，具粗黑的眼下斑；上体深灰色，下体白色，胸具稀疏细纵纹而腹以下具细密横纹；飞翔时翼下细布白色点斑。亚成鸟：上体深灰色且具棕色羽缘，下体棕褐色，具粗黑色纵纹。

分布与习性 分布于世界各地。在中国为不常见留鸟及季候鸟。在当地，迁徙期常见，多成对活动；飞行甚快，并从高空呈螺旋形而下猛扑猎物。

鸡形目

GALLIFORMES

全世界共有7科289种。中国有2科63种。黄河三角洲有1科2种。

雉科：多栖居于地面，体型如家鸡，嘴短圆，翼短圆，脚粗健，通常不善于长距离飞翔而善于地面行走。雄鸟色彩艳丽，雌鸟体色暗淡。

摄影：刘月良

摄影：丁洪安

日本鹌鹑

Japanese Quail
Coturnix japonica

L20 留鸟 ●●●●●

分类地位 雉科 Phasianidae 鹑属 *Coturnix*

形态特征 雄鸟：体型滚圆，白色眉细长；耳羽、颊栗色，夏季雄鸟脸、喉及上胸栗色；上体褐色，具黄白色矛状长羽轴；下体皮黄色，胸、胁栗红色，具白色纵纹。雌鸟：似雄鸟，但喉及颊白色，颈侧具2条褐色带；下体胸、胁具黑色纵纹而羽轴白色。

分布与习性 分布于亚洲东部、印度东北部、中国、东南亚。在当地为常见鸟；栖于矮草地、农田、芦苇地，因体色与环境相似而极难被发现，在有人走近时突然从地面起飞，短距离飞翔后重新落入草地。

环颈雉

Ring-necked Pheasant
Phasianus colchicus

L85（雄） L50（雌） 留鸟 ●●●●●

分类地位 雉科 Phasianidae 雉属 *Phasianus*

形态特征 雄鸟：尾长而体色艳丽；头黑色且具光泽，有耳羽簇，眼周裸皮鲜红色；有白色颈圈；身体披金挂彩，满身点缀着发光羽毛，从墨绿色至铜色至金色；两翼灰色，尾长而尖，褐色并带黑色横纹。雌鸟：色暗淡，周身密布浅褐色斑纹，眼周白色。

分布与习性 分布于西古北区的东南部、中亚、中国、朝鲜、日本等地，因引种而在其他洲有广泛分布。在当地原无分布，后可能因引种或逃逸等原因而有广泛分布；雄鸟单独或成小群活动，雌鸟与其雏鸟偶尔与其他鸟合群；栖于草地、农田等多种生境中。

雄鸟／摄影：刘月良

雌鸟／摄影：刘月良

鹤形目

GRUIFORMES

全世界共有10科203种。中国有4科34种。黄河三角洲有4科18种。

三趾鹑科：嘴稍长细，脚仅具三趾，尾甚短。当地有1种。

鹤科：颈、嘴及脚长，嘴粗长而直，头部有裸露皮肤。当地有7种。

秧鸡科：头小而圆，颈粗，尾短，尾常上翘，趾特长。当地有9种。

鸨科：陆栖性，颈长而粗，脚强健而善于奔跑。当地有1种。

摄影：孙劲松

黄脚三趾鹑

Yellow-legged Buttonquail
Turnix tanki

L16 夏候鸟 ●●●●○

分类地位 三趾鹑科 Turnicidae 三趾鹑属 *Turnix*

形态特征 嘴黄色；上体黄褐色而杂有黑斑，翼覆羽有大黑色点斑；下体胸棕栗色，胁具黑色点斑；脚黄色。雌鸟的枕及背部较雄鸟的多栗色，上胸棕栗色。

分布与习性 分布于亚洲东部、印度、中国及东南亚。在当地为夏候鸟，以小群活动于灌木丛、草地、沼泽地及耕作地，尤喜稻茬地；因性胆怯，稍有惊动即逃逸或隐藏，在野外极难被发现。

雄鸟／摄影：中易水寒

雌鸟／摄影：李在军

摄影：陈建中

摄影：丁洪安

蓑羽鹤

Demoiselle Crane
Anthropoides virgo

L105 迷鸟 ●○○○○

分类地位 鹤科 Gruidae 蓑羽鹤属 *Anthropoides*

形态特征 前颈黑色而具蓑羽，耳羽簇为白色丝状，体灰色而脚黑色。飞翔时，黑色飞羽与灰色体羽对比明显。

分布与习性 分布于西古北界的东南部至中亚及中国。在中国，繁殖于东北、内蒙古西部的鄂尔多斯高原及西北；越冬在西藏南部。在当地为偶见迷鸟；冬季与灰鹤混群；栖于芦苇沼泽及农田、草地。

白 鹤

Siberian Crane
Grus leucogeranus

L135 旅鸟 ●●●●●

分类地位 鹤科 Gruidae 鹤属 *Grus*

形态特征 成鸟：除脸上裸皮猩红色、初级飞羽黑色外，其余体羽全白色；飞行时黑色的初级飞羽明显。亚成鸟：似成鸟，但头、颈及体羽染棕褐色。

分布与习性 繁殖于俄罗斯的东南部及西伯利亚，越冬于鄱阳湖及长江流域的湖泊。在当地，春秋迁徙季节常集大群，有的年度有少量越冬个体；栖息于芦苇沼泽、近海滩涂。

摄影：刘月良

摄影：刘月良

摄影：刘月良

摄影：刘月良

摄影：刘月良

沙丘鹤

Sandhill Crane
Grus canadensis

L104 迷鸟 ●○○○○

分类地位 鹤科 Gruidae 鹤属 *Grus*

形态特征 成鸟：体型小，嘴、脚灰黑色，前额及头顶红色，喉白色，其余体色灰色。亚成鸟：全体褐灰色，前额及头顶的红色不明显。

分布与习性 繁殖于北美洲及西伯利亚东部，越冬于南方。在中国，偶见于中国东部。在当地，2006年秋季有1次野外记录，与灰鹤混群，栖于芦苇沼泽。

白枕鹤

White-naped Crane
Grus vipio

L150 旅鸟 ●●●●●

分类地位 鹤科 Gruidae 鹤属 *Grus*

形态特征 成鸟：眼周红色，边缘黑色；头、颈白色，胸、前颈黑色延至颈侧成狭窄尖线条；飞羽黑色、翼覆羽灰白色，飞翔时对比明显。亚成鸟：似成鸟，颈部染棕黄色。

分布与习性 分布于西伯利亚、蒙古北部及中国北部，越冬于中国华中、华南及朝鲜、日本。在中国，繁殖于东北及西北，越冬于长江下游。在当地，春、秋迁徙季节常集大群，栖息于芦苇沼泽、近海滩涂。

摄影：丁洪安

摄影：付建智

摄影：丁洪安

摄影：刘月良

摄影：刘月良

摄影：刘月良

灰鹤

Common Crane
Grus grus

L125 冬候鸟 ●●●●●

分类地位 鹤科 Gruidae 鹤属 *Grus*

形态特征 成鸟：体色灰色，头顶红色，喉及前颈黑色，自颈侧至颈背具宽白色条纹；飞翔时，飞羽黑色与体色灰色对比明显；三级飞羽末端具黑色滴状斑。亚成鸟：体色灰白色，颈侧的白色条纹不明显，颈常沾褐棕色，嘴周及喉黑色。

分布与习性 分布于古北界。繁殖于中国的东北及西北，冬季南移至中国南部及中南半岛。在当地，10月中下旬至翌年3月下旬越冬；栖息于芦苇沼泽、近海滩涂及农田、草地，常集大群。

白头鹤

Hooded Crane
Grus monacha

L97 旅鸟 ●●●●●

分类地位 鹤科 Gruidae 鹤属 *Grus*

形态特征 成鸟：前额黑色，头顶红色，头和颈白色，其余体色深灰褐色。亚成鸟：头、颈沾皮黄色，眼下斑黑色。

分布与习性 繁殖于西伯利亚北部及中国东北，越冬于日本南部及中国东部。在当地，春、秋迁徙季节常见，常集群，偶见个体与灰鹤混群越冬；栖息于芦苇沼泽、近海滩涂及农田、草地。

摄影：丁洪安

摄影：刘月良

摄影：刘月良

摄影：刘月良

摄影：刘月良

丹顶鹤

Red-crowned Crane
Grus japonensis

L150　冬候鸟　●●●●●

分类地位　鹤科 Gruidae　鹤属 *Grus*

形态特征　成鸟：头顶红色，眼先、喉及颈侧黑色，眼后至后颈白色；次级和三级飞羽黑色，体羽余部白色，飞翔时对比明显。亚成鸟：头、颈黄褐色，体羽沾黄褐色。

分布与习性　繁殖于日本、中国东北及西伯利亚的东南部，越冬在朝鲜及中国东部。在中国，繁殖于东北，越冬于当地及江苏盐城。在当地，10月下旬至翌年4月上旬越冬，迁徙季节集大群，越冬呈家族式聚集；栖息于芦苇沼泽、近海滩涂。

花田鸡

Swinhoe's Rail
Coturnicops exquisitus

L13 旅鸟 ●○○○○

分类地位 秧鸡科 Rallidae 花田鸡属 *Coturnicops*

形态特征 体甚小(13厘米)；上体褐色，具白色细小横斑；颏、喉及腹中部白色，两胁具深褐色宽横斑；次级飞羽白色，飞翔时与黑色初级飞羽对比明显。

分布与习性 繁殖于东北亚，越冬于日本南部及中国南部。在当地，迁徙时可听其鸣声但性隐蔽而难以被发现；常单独活动，喜有水草的沼泽、池塘或稻田。

识别要点 体型甚小。与黄脚三趾鹑相似，区别在于上体具白色细横斑，次级飞羽白色，嘴及脚非黄色。

摄影：OBC网站

摄影：OBC网站

摄影：OBC网站

摄影：OBC网站

普通秧鸡

Water Rail
Rallus aquaticus

L29 冬候鸟 ●●●●●

分类地位 秧鸡科 Rallidae 秧鸡属 *Rallus*

形态特征 嘴长而略下弯，上嘴暗色而下嘴红色；上体橄榄褐色，具黑色羽轴；下体脸及胸灰色，腹具黑色横纹。

分布与习性 分布于古北界，迁徙时至东南亚。在中国，东北亚种 *R.a.indicus* 繁殖于东北，越冬于中国东南；新疆亚种*R.a.korejewi*分布于西北、华北及四川。在当地，除夏季外，其他季节可见；喜茂密的芦苇丛，性羞怯，善隐蔽，常因到芦苇边缘觅食而被发现。

白胸苦恶鸟

White-breasted Waterhen
Amaurornis phoenicurus

L33 旅鸟 ●●●●○

分类地位 秧鸡科 Rallidae 苦恶鸟属 *Amaurornis*

形态特征 嘴黄绿色，上嘴基具红色斑；头顶及上体灰色，下体脸、胸及上腹白色，下腹及尾下棕色。

分布与习性 分布于印度与中国南部、东南亚及菲律宾等地。在当地原无分布，但近几年5月、9月有多次个体记录；通常单个活动，喜有荷叶的池塘，有时到近水的树丛下。

摄影：付建智

摄影：大连红隼

摄影：大连红隼

小田鸡

Baillon's Crake
Porzana pusilla

L18 旅鸟 ●●●●○

分类地位 秧鸡科 Rallidae 田鸡属 *Porzana*

形态特征 嘴短而呈暗绿色，脸灰色而具褐色耳羽；上体红褐色，具黑色、白色纵纹；下体胸灰色，腹及尾下具黑色、白色相间的横纹。雄鸟上体红褐色较重，下体灰色较重；雌鸟上体暗褐色较重，下体灰色偏白色。

分布与习性 分布于北非和欧亚大陆，南迁至澳大利亚等地。在中国，繁殖于东北及河北、陕西、河南等地，迁徙时经中国大多数地区。在当地，迁徙季节可见，单独活动，喜芦苇、香蒲及多草的水边；快速而轻巧地穿行于芦苇中，极少飞行。

识别要点 与花田鸡的区别于在上体为白色纵纹而非细散的白色斑，下体脸及胸灰色较重，具褐色耳羽。

红胸田鸡

Ruddy-breasted Crake
Porzana fusca

L20 夏候鸟 ●●○○○

分类地位 秧鸡科 Rallidae 田鸡属 *Porzana*

形态特征 嘴短而呈黑褐色；后顶及上体纯褐色，下体头侧、胸及上腹深棕红，颏白色，下腹黑色且具白色细横纹；脚红色。

分布与习性 繁殖于印度次大陆、中国、东亚、菲律宾等地，越冬于加里曼丹岛。在当地为不常见夏候鸟，常单独活动，栖于芦苇地、稻田；性羞怯而难以被见到；晨昏发出尖厉叫声。

识别要点 与斑胁田鸡相似，区别在于上体纯褐色而无任何杂斑，下体的白色细横纹于下腹部。

摄影：张永

斑胁田鸡

Band-bellied Crake
Porzana paykullii

L22　旅鸟　●○○○○

分类地位　秧鸡科 Rallidae　田鸡属 *Porzana*

形态特征　嘴短；后顶及上体褐色，前翼具细白色斑；下体头侧、胸深棕红色，颏白色，腹黑色且具白色细横纹；脚红色。

分布与习性　繁殖于东北亚，越冬于东南亚及马来群岛。在中国华北及东北为不常见繁殖鸟，迁徙时途经华中及华东。在当地，迁徙时偶见，常单独活动；栖于草地、稻田。

识别要点　与红胸田鸡相似，区别在于上体褐色但具不明显细斑，下体的白色细横纹始于腹部。

董鸡

Watercock
Gallicrex cinerea

L40 夏候鸟 ●●●●●

分类地位 秧鸡科 Rallidae 董鸡属 *Gallicrex*

形态特征 雄鸟：嘴黄色，额甲红色而呈冠状；体色黑色，翼红褐色或羽缘白色，腹下略白色且具横斑。雌鸟：嘴黄色，眼黑色；上体黑褐色且具红褐色羽缘，下体黄褐色且具不明显细横纹。

分布与习性 留鸟分布于印度次大陆、东南亚南部等地。夏季繁殖鸟分布于喜马拉雅山脉、东北亚、东南亚的东北部及中国，越冬于日本及马来半岛等地。在当地为常见夏候鸟，常单独活动，性羞怯，多藏身于芦苇沼泽地；主要为夜间活动，白天飞翔时可见，常发出低沉单调的“董、董”声。

雄鸟 / 摄影：钱斌

雌鸟 / 摄影：一蓑青雨

摄影：刘庆堂

摄影：丁洪安

摄影：李在军

摄影：陈建中

黑水鸡

Common Moorhen
Gallinula chloropus

L31 夏候鸟 ●●●●●

分类地位 秧鸡科 Rallidae　黑水鸡属 *Gallinula*

形态特征 嘴黄色，嘴基及额甲红色；全体青黑色，两肋部具白色纹，尾下具白色斑。

分布与习性 除大洋洲外，分布几乎遍及全世界，冬季北方鸟南迁越冬。在当地，冬季偶见小群，其他季节常见；集群，喜有芦苇或水草的水边；尾常神经质地抽动；不善飞，遇危险时常跑到草丛中或游泳到远处；起飞前，先在水上助跑很长一段距离。

白骨顶

Common Coot
Fulica atra

L40 留鸟 ●●●●●

分类地位 秧鸡科 Rallidae 骨顶属 *Fulica*

形态特征 嘴及额甲白色，眼暗红色；体色深黑灰色，仅飞行时可见翼上狭窄的近白色后缘；脚绿色，趾具半蹼。

分布与习性 分布于古北界、中东、印度次大陆，北方鸟南迁至非洲、东南亚及菲律宾越冬。在当地为常见留鸟，常集大群，栖于有水的多种生境中；繁殖于芦苇丛中，巢为浮巢；常潜入水中找食水草；起飞前或遇到危险时，在水面上长距离助跑。

摄影：刘月良

摄影：孙劲松

摄影：丁洪安

摄影：刘月良

大鸨

Great Bustard
Otis tarda

L100（雄）L80（雌） 冬候鸟 ●●●○○

分类地位 鸨科 Otididae 鸨属 *Otis*

形态特征 头、颈灰色，体背棕褐色且密布黑色横斑；下体胸以下白色。飞翔时，翼黑色，上具白色宽翼带，初级飞羽具大白色斑，尾端白色。雄鸟比雌鸟体型大，在繁殖期嘴基具细长髭纹。

分布与习性 分布于欧洲、西北非至中东、中亚及中国北方。中国指名亚种*O.t.tarda*在中国为留鸟，分布于新疆天山、喀什与吐鲁番，东方亚种*O.t.*dybowskii繁殖于内蒙古东部及黑龙江，越冬于甘肃至山东。在当地，10月下旬至翌年3月下旬越冬；栖于农田、草地；曾有超过数百只的大群，近几年越冬种群数量波动大。

鸻形目

CHARADRIIFORMES

全世界共有18科350种。中国有14科129种。黄河三角洲有8科67种。

彩鹬科：嘴长而略下弯，头及肩具醒目条纹，体色艳丽。当地有1种。

蛎鹬科：嘴长而粗直，体型肥胖，脚粗短。当地有1种。

反嘴鹬科：嘴细长或形直，或上翘或下弯，脚长。当地有2种。

燕鸻科：嘴短而宽，尖端稍弯。翼长，尾叉形，善飞翔。当地有1种。

鸻科：头圆，眼大，颈粗短，嘴短、粗。当地有11种。

鹬科：头小，有嘴长、颈长、脚长三长特点。当地有35种。

鸥科：体型肥胖，嘴形粗直，翅宽长而尾短，不分叉。当地有10种。

燕鸥科：体纤细，嘴长而细，翅狭长，尾长，尾凹形或分叉。当地有6种。

摄影：刘月良

雄（左）雌（右）/摄影：钱斌

雌鸟 / 摄影：陈[illegible]智

彩鹬

Greater Painted Snipe
Rostratula benghalensis

L25 旅鸟 ●●○○○

分类地位 彩鹬科 Rostratulidae 彩鹬属 *Rostratula*

形态特征 雄鸟：嘴长，尖端下弯；眼圈白色并后延；头、颈红褐色；胸黑色；上体灰褐色，胸侧的白色斑与体背的黄色纵纹相连。雌鸟：似雄鸟，但体小；眼圈为黄色；头、颈淡红褐色；上体多皮黄色，翼具黄色点斑。

分布与习性 分布于非洲、印度至中国及日本、东南亚、澳大利亚等地。在当地为少见夏候鸟；栖于近水的草丛、沼泽及稻田；夜晚和黄昏活动，白天隐藏于草丛。

蛎　鹬

Eurasian Oystercatcher
Haematopus ostralegus

L44　夏候鸟　●●●●●

分类地位　蛎鹬科 Haematopodidae　蛎鹬属 *Haematopus*

形态特征　嘴红色，长而直；眼红色；头、颈及上体黑色，下体白色；脚红色。飞翔时，下背及腰白色，翼具白色斑。

分布与习性　分布于欧洲至西伯利亚，在南方越冬。在中国，繁殖于东北沿海省份及山东；越冬在华南和东南沿海及台湾。在当地，3月下旬至11月下旬常见，成对或小群活动于沿海滩涂、潮沟。

摄影：刘月良

摄影：刘月良

摄影：刘月良

摄影：刘月良

黑翅长脚鹬

Black-winged Stilt
Himantopus himantopus

L37　夏候鸟　●●●●●

分类地位　反嘴鹬科Recurvirostridae　长脚鹬属 *Himantopus*

形态特征　雄鸟：嘴细长，黑色；眼周、颈背及翼黑色，体羽白色；脚细长，红色；飞翔时，下背及腰白色。雌鸟：似雄鸟，但颈背为白色。

分布与习性　分布于印度、中国及东南亚。在当地，3月下旬至11月下旬常见；喜沿海浅水、滩涂、盐池及淡水沼泽地；繁殖于沼泽的高处或滩涂中潮汐难以淹盖的区域。

反嘴鹬

Pied Avocet
Recurvirostra avosetta

L43 夏候鸟 ●●●●●

分类地位 反嘴鹬科 Recurvirostridae 反嘴鹬属 *Recurvirostra*

形态特征 嘴细长而上翘，黑色；头顶及颈背黑色，体色白色，翼白色而具黑色翼上横纹及肩部条纹；脚长，青灰色。飞翔时，背面斑纹黑色、白色相间，腹面仅翼尖黑色。

分布与习性 分布于欧洲至中国、印度及非洲南部。在中国，繁殖于北方；越冬于东南沿海等地。在当地，3月下旬至11月下旬常见；喜沿海浅水、滩涂、盐池；进食时，嘴往两边扫动；善游泳，能在水中倒立；飞行时，不停地快速振翼并做长距离滑翔。

摄影：陈建中

摄影：刘月良

摄影：刘月良

摄影：陈建中

摄影：李在军

普通燕鸻

Oriental Pratincole
Glareola maldivarum

L25 夏候鸟 ●●●●●

分类地位 燕鸻科 Glareolidae 燕鸻属 *Glareola*

形态特征 嘴黑色而基红色；上体茶褐色，翼尖黑色；下体喉乳黄色，外缘黑色，胸黄褐色，腹白色。飞翔时，翼下红褐色，腰白色，尾黑色而呈叉形。

分布与习性 繁殖于亚洲东部，越冬经印度尼西亚至澳大利亚。在当地，3月下旬至11月下旬常见；多集大群活动，繁殖于近水的草丛及稀疏、低矮的芦苇地。

凤头麦鸡

Northern Lapwing
Vanellus vanellus

L30 旅鸟 ●●●●●

分类地位 鸻科 Charadriidae 麦鸡属 *Vanellus*

形态特征 雄鸟：黑色冠羽长而前反曲；上体体背暗绿色且带金属光泽，下体颈侧白色，喉及前颈黑色，具黑色胸带，腹白色；脚暗红色；飞翔时，翼下白色、飞羽黑色对比明显，腰白色，尾端黑色。雌鸟：似雄鸟，但体背具淡色羽缘，喉及前颈白色，无黑色带，黑色冠羽较短。冬羽：似夏羽的雌鸟，脸侧染棕色。

分布与习性 分布于古北界，越冬至印度及东南亚北部。在中国，繁殖于北方大部分地区，越冬于北纬32° 以南。在当地，春、秋迁徙季节常见，常集群；喜耕地、稻田或矮草地。

摄影：刘月良

灰头麦鸡

Grey-headed Lapwing
Vanellus cinereus

L35 旅鸟 ●●●●●

分类地位 鸻科 Charadriidae 麦鸡属 *Vanellus*

形态特征 夏羽：嘴黄色而尖黑色，眼红色；头、胸灰色，胸下具黑色缘；体背褐色，腹白色；脚长，黄色；飞翔时，初级飞羽黑色且与褐色体背间具白色带，翼下白色，腰白色，尾端黑色。冬羽：似夏羽，头、胸由灰色变为褐色，胸下黑色缘变窄。

分布与习性 繁殖于中国东北及日本，越冬至印度东北部、东南亚。在当地，春、秋迁徙季节常见，常单独或成对活动；栖于近水的开阔地带、河滩、稻田、草地及芦苇沼泽等多种生境中。

金鸻

Pacific Golden Plover
Pluvialis fulva
L25 旅鸟 ●●●●●

分类地位 鸻科 Charadriidae 斑鸻属 *Pluvialis*

形态特征 夏羽：上体金黄色，具黑色羽轴斑；下体黑色；上、下体间具醒目的白色带；腿灰色。冬羽：眉纹黄色或白色，上体灰褐色且具黄色羽缘，下体灰白色且具黄褐色斑。

分布与习性 繁殖在俄罗斯北部、西伯利亚北部及阿拉斯加西北部，越冬在非洲东部、印度、东南亚至澳大利亚等地。在中国，迁徙时经过，冬候鸟见于北纬25°以南。在当地，春、秋迁徙季节常见，常单独或成群活动；栖于沙滩及开阔草地、农田。

识别要点 冬羽毛与灰鸻相似，区别在于体背较黄褐色，飞翔时腰黄褐色，翼下无黑色斑。

夏羽 / 摄影：陈建中

冬羽 / 摄影：刘月良

灰鸻

Grey Plover
Pluvialis squatarola

L28 旅鸟 ●●●●●

分类地位 鸻科 Charadriidae 斑鸻属 *Pluvialis*

形态特征 夏羽：上体灰褐色且具白色羽缘；下体脸侧至上腹黑色，下腹白色；上、下体间具白色带但仅至胸；飞翔时，翼下具黑色腋羽，腰白色，翼具白色翼带。冬羽：上体灰褐色，背具褐色点斑及灰白色羽缘，下体颈到上腹具褐色纵纹。

分布与习性 繁殖于全北界北部，越冬于热带及亚热带沿海。在中国，迁徙时经东北、华东及华中，于华南、长江下游沿海等地越冬。在当地，3月下旬至5月上旬、8月上旬至9月中旬迁徙，集群，喜在潮间带滩涂沿潮汐觅食。

识别要点 冬羽体背灰白色较重，飞翔时腰白色，翼下有黑色腋羽，翼具白色翼带。

剑 鸻

Common Ringed Plover
Charadrius hiaticula

L19 旅鸟 ●●○○○

分类地位 鸻科 Charadriidae 鸻属 *Charadrius*

形态特征 夏羽：嘴短而粗，尖黑色而基黄色；额基黑色，额白色；额顶与贯眼纹黑色，眼后眉白色；具白色颈环与黑色胸环；上体灰褐色，下体白色；脚黄色；飞翔时，翼具白色翼带。冬羽：似夏羽，但嘴黑色，胸环由黑色变为褐色，额及眼后眉由白色变为黄褐色。

分布与习性 繁殖于加拿大、格陵兰及古北界的北极区，越冬于南欧、非洲及中东。在中国，迷鸟至东北，偶有候鸟至香港。在当地，迁徙时偶见；多单只独或小群出现；栖于沿海滩涂、潮沟，尤喜沙质滩涂。

识别要点 与长嘴剑鸻的区别在于嘴形粗短，尖黑色而基黄色，飞翔时翼具白色翼带。

夏羽／摄影：维基网站

冬羽／摄影：维基网站

长嘴剑鸻

Long-billed Ringed Plover
Charadrius placidus

L22 旅鸟 ●●●○○

分类地位 鸻科 Charadriidae 鸻属 *Charadrius*

形态特征 夏羽：嘴黑色且较细长；额白色，额顶黑色而贯眼纹褐色，眼后眉白色；具白色颈环与黑色胸环；上体灰褐色，下体白色；脚黄色。冬羽：似夏羽，但胸环由黑色变为褐色，额顶黑色较淡。

分布与习性 繁殖于东北亚及中国的华东与华中，越冬于东南亚。在当地，迁徙时可见；常单独或小群活动；栖于沿海滩涂、潮沟，尤喜沙质滩涂。

识别要点 与剑鸻的区别在于嘴形较细长，贯眼纹褐色而非黑色。

环颈鸻

Kentish Plover
Charadrius alexandrinus

L15 夏候鸟 ●●●●●

分类地位 鸻科 Charadriidae 鸻属 *Charadrius*

形态特征 夏羽：雄鸟嘴短，黑色；眉与白色额相连，额顶黑色，枕红褐色；胸具不闭合的半胸环；脚黑色或青绿色；飞翔时翼具白色翼带，腰外侧白色；雌鸟枕不为红褐色，似冬羽。冬羽：具白色眉；头顶的黑色及红褐色消失而为褐色，半胸环由黑色变为褐色。夏羽及冬羽具白色颈环。

分布与习性 分布于美洲、非洲及古北界的南部，越冬于长江流域以南及北纬32°以南。在当地，3~11月常见；迁徙时集群而繁殖期分散；栖于沿海滩涂、潮沟、盐池、池塘、河滩等环境中；繁殖于潮间上带高处，巢极简陋，辅以沙石或贝壳。

识别要点 脚黑色或青绿色，胸具半胸环而非全环，飞翔时翼具白色翼带，腰外侧白色，区别于其他鸻。

夏羽 / 摄影：刘月良

冬羽 / 摄影：付建智

夏羽 / 摄影：李在军

冬羽 / 摄影：付建智

金眶鸻

Little Ringed Plover
Charadrius dubius

L16 夏候鸟 ●●●●●

分类地位 鸻科 Charadriidae 鸻属 *Charadrius*

形态特征 夏羽：嘴短，黑色；眼圈黄色；额白色，额顶及贯眼黑色，眼后斑向上延到头顶；具白色颈环与黑色胸环；上体灰褐色，下体白色；脚黄色。冬羽：似夏羽，但胸环由黑变为褐色且不闭合，头部黑斑消失，具白色眉纹。

分布与习性 分布于北非、古北界、东南亚至新几内亚。在当地，3~10月，常单独或小群活动；栖于池塘、农田、河滩及沿海滩涂、潮沟等多种生境中。

识别要点 眼圈黄色明显，区别于其他。冬羽与环颈鸻易混，区别在于脚黄色。

蒙古沙鸻

Lesser Sand Plover
Charadrius mongolus

L20 旅鸟 ●●●●●

分类地位 鸻科 Charadriidae 鸻属 *Charadrius*

形态特征 夏羽：嘴短，黑色；额白色，额顶黑色并与黑色贯眼纹相连；胸红色并延到肋部，胸上缘具黑色边；脚青绿色；雌鸟无黑色额顶。冬羽：似夏羽，但胸部的红色及头部的黑色消失，体色褐色较重，具白色眉，胸侧具半胸环。

分布与习性 繁殖于中亚至东北亚，越冬于非洲沿海、东南亚及印度、马来西亚、澳大利亚。在当地，迁徙期常集群并与其他涉禽混群；喜潮间带、潮沟及沙质滩涂。

识别要点 与铁嘴沙鸻夏羽的区别在于嘴短，胸红色延至肋部且上缘具黑色边，脚青绿色；与冬羽的区别在于嘴短，下体略染褐色，脚青绿色，脚短。两者与环颈鸻的冬羽均相似，但无白色颈环，差别明显。

夏羽 / 摄影：陈建中

摄影：张锡贤

摄影：陈建中

夏羽 / 摄影：陈建中

冬羽 / 摄影：陈建中

铁嘴沙鸻

Greater Sand Plover
Charadrius leschenaultii

L23 旅鸟 ●●●●●

分类地位 鸻科 Charadriidae 鸻属 *Charadrius*

形态特征 夏羽：嘴稍长，黑色；额白色，额顶黑色并与黑色贯眼纹相连；胸红色较窄；脚黄色，稍长，飞翔时伸于尾外。冬羽：似夏羽，具白色眉，胸部的红色及头部的黑色消失，上体色褐色较重，下体色纯白色，胸侧具半胸环。

分布与习性 繁殖由土耳其至中东、中亚至蒙古，越冬在非洲沿海、东南亚及印度、马来西亚至澳大利亚。在当地，迁徙期可见；常集群并与其他涉禽混群；喜潮间带、潮沟及沙质滩涂。

识别要点 与蒙古沙鸻相似，夏羽的区别在于嘴稍长，胸红色较窄且上缘无黑边，脚黄色；冬羽的区别在于嘴稍长，下体色纯白色，脚黄色，稍长，飞翔时伸于尾外。

东方鸻

Oriental Plover
Charadrius veredus

L24 旅鸟 ●●○○○

分类地位 鸻科 Charadriidae　鸻属 *Charadrius*

形态特征 夏羽：头顶褐色，脸侧白色；胸红色，下具黑边；脚黄色；飞翔时，翼下黑褐色，脚伸于尾外长。冬羽：似夏羽，脸侧染褐色，胸部的红色变为褐色，胸下缘的黑色消失。

分布与习性 繁殖于蒙古及中国北方，越冬至马来西亚及澳大利亚。在当地，迁徙时偶见；栖于浅水沼泽及近水的草地。

识别要点 与异域分布的红胸鸻的区别在于脸侧较白且无黑斑，颈较长，胸部的红色较宽，脚黄色而不是青绿色且稍长，飞翔时翼下黑褐色而不是白色。

丘鹬

Eurasian Woodcock
Scolopax rusticola

L35 旅鸟 ●●●●●

分类地位 鹬科 Scolopacidae 丘鹬属 *Scolopax*

形态特征 额及脸部淡灰色，头顶至后颈具4条褐色、灰色相间的横纹；上体红褐色，下体满布细横纹；脚短，体显肥胖。

分布与习性 分布于古北界，于东南亚为候鸟。在中国，繁殖于黑龙江北部、新疆西北部的天山、四川及甘肃南部；迁徙时，经中国的大部地区；越冬在北纬32°以南。在当地，春、秋迁徙期常见；栖于林缘、草地；体色与环境相似，白天隐蔽伏于地面，人走近时惊飞，在不远处落下，夜晚飞至开阔地进食。

识别要点 体色艳丽，头顶至后颈具4条褐色、灰色相间的横纹，区别于其他沙锥类。

姬鹬

Jack Snipe
Lymnocryptes minimus

L18 旅鸟 ○?

分类地位 鹬科 Scolopacidae 姬鹬属 *Lymnocryptes*

形态特征 嘴粗直，嘴尖黑色，黄褐色眉纹与侧冠纹相连；上体黑褐色，具黄棕色粗纵纹；下体白色，胸、胁具纵纹；脚黄色。

分布与习性 繁殖在欧洲北部至西伯利亚西部，越冬在南欧、非洲、中东、东南亚及印度。在中国为罕见过境鸟及冬候鸟，迁徙时经东北及东部沿海。在当地，有记录但在野外难以观察到；单独在夜间及黄昏活动，白天隐藏于草丛中极少飞行；栖于近水的沼泽、稻田、池塘。

识别要点 体型小。头部眉纹与侧冠纹相连，与阔嘴鹬相似，区别在于嘴形粗直，上体具黄棕色粗纵纹。

夏羽 / 摄影：OBC网站

冬羽 / 摄影：OBC网站

孤沙锥

Solitary Snipe
Gallinago solitaria

L29 旅鸟 ●●●○○

分类地位 鹬科 Scolopacidae 沙锥属 *Gallinago*

形态特征 眉及眼下斑白色，脸部白色；上体黄褐色，肩羽具密而小的黑色纹；下体具细密横纹，胸显红褐色。

分布与习性 分布于喜马拉雅山脉及中亚，越冬从巴基斯坦至日本及堪察加半岛。在当地为不常见旅鸟；常单独活动，性孤僻；栖于沼泽、稻田、池塘。

识别要点 与其他沙锥的区别在于脸显白色，下体具细横纹，上体肩部黑色。

针尾沙锥

Pintail Snipe
Gallinago stenura

L24 旅鸟 ●●●○○

分类地位 鹬科 Scolopacidae 沙锥属 *Gallinago*

形态特征 嘴相对短；上体黄褐色，肩羽羽缘白色，覆羽羽缘白色；胸褐黄色且有纵纹，腹白色，肋有横纹。飞翔时，翼下白色且具黄褐色纵纹，脚长伸出尾外长。

分布与习性 繁殖于东北亚，越冬于印度、东南亚及印度尼西亚。迁徙时，经整个中国境内。在当地，迁徙时常见；常单独或小群活动；栖于池塘、稻田及周围有草丛、芦苇丛的浅水中。

识别要点 与其他沙锥的区别在于嘴相对短、肋部的横纹不是“V”字形。飞翔时与扇尾沙锥的区别在于翼下白色但具黄褐色纵纹，翼无白色后缘。

摄影：袁晓

大沙锥

Swinhoe's Snipe
Gallinago megala

L28 旅鸟 ●●●○○

分类地位 鹬科 Scolopacidae 沙锥属 *Gallinago*

形态特征 嘴形长，头形大而方；上体黑褐色，具白色或黄色羽缘；胸褐黄色且有纵纹，胁具“V”字形横纹；尾明显长于翼长。

分布与习性 繁殖于东北亚，越冬于加里曼丹岛北部、印度尼西亚、澳大利亚。在中国，迁徙时常见于东部及中部；越冬于华南。在当地，迁徙时常见；常单独或小群活动；栖居于沼泽、湿润草地、稻田。

识别要点 与扇尾沙锥难以区别，但头形相对大而方，尾端两侧白色较多，胁部的“V”字形横纹较显著，飞行时尾长于脚，翼下缺少白色宽横纹，飞行时翼上无白色后缘。

扇尾沙锥

Common Snipe
Gallinago gallinago

L26 旅鸟 ●●●●●

分类地位 鹬科 Scolopacidae 沙锥属 *Gallinago*

形态特征 眉纹皮黄色，眼下纹白色；上体黑褐色，具黄色肩带，翼羽缘黄色；下体胸黄褐色且具纵纹，胁具横斑。飞翔时，翼下飞羽白色及次级飞羽羽缘白色。

分布与习性 繁殖于古北界，越冬于非洲、印度及东南亚。在中国，繁殖于东北及西北；迁徙时常见于大部分地区；越冬在西藏南部、云南及北纬32°以南。在当地，迁徙时常见；常单独或小群活动；栖于池塘、稻田及周围有草丛、芦苇丛的浅水中；惊飞时做“锯齿形”飞行，边发出警叫声；空中炫耀为向上攀升并俯冲，外侧尾羽伸出，颤动有声。

识别要点 同其他沙锥的区别在于有明显的黄色肩带，翼羽羽缘黄色，飞翔时翼下飞羽白色。

摄影：刘月良

摄影：刘月良

摄影：陈建中

摄影：李在军

夏羽 / 摄影：陈建中

冬羽 / 摄影：陈建中

半蹼鹬

Asian Dowitcher
Limnodromus semipalmatus

L35 旅鸟 ●●●○○

分类地位 鹬科 Scolopacidae 半蹼鹬属 *Limnodromus*

形态特征 夏羽：嘴形粗直，黑色；头、颈及胸赤褐色，腹白色；脚青灰色；飞翔时，下背到尾白色且具黑色横斑。冬羽：似夏羽，但赤褐色变为淡褐色，并具细纵纹。

分布与习性 繁殖于俄罗斯南部、西伯利亚东南部、蒙古、中国东北部，迁徙经印度次大陆东部、东南亚及印度尼西亚至澳大利亚北部。在当地，迁徙期可见；常单独或小群；栖于沿海滩涂；进食时，径直朝前行走，每走一步把嘴扎入泥土中找食。

识别要点 体型较小，嘴形粗直而全黑色，嘴端显膨胀，可区别于塍鹬。

黑尾塍鹬

Black-tailed Godwit
Limosa limosa

L42 旅鸟 ●●●●●

分类地位 鹬科 Scolopacidae 塍鹬属 *Limosa*

形态特征 夏羽：嘴形直，尖黑色而基部肉红色；头、颈红色，胸、胁白色且具黑褐色横纹，腹白色；飞翔时，腰白色而尾端黑色，翅具宽翼斑，脚长伸展于尾外较长。冬羽：似夏羽，但头、颈由红色变为褐色；胸、胁无横纹，白色；腹白色。

分布与习性 繁殖于古北界北部，越冬于非洲并远至澳大利亚。在当地，春、秋季节常集大群，夏季有少量非繁殖种群滞留；喜沿海滩涂、河流两岸及浅水沼泽等多种生境。

识别要点 与斑尾塍鹬的区别在于嘴形直，胸、胁白色且具横纹，腹白色；飞翔时，尾端黑色，翅具宽翼斑。

摄影：刘月良

摄影：陈建中

摄影：李在军

摄影：张锡贤

摄影：陈建中

摄影：陈建中

摄影：陈建中

斑尾塍鹬

Bar-tailed Godwit
Limosa lapponica

L40 旅鸟 ●●●●●

分类地位 鹬科 Scolopacidae 塍鹬属 *Limosa*

形态特征 夏羽：嘴上翘，尖黑色而基肉红色；下体的红色由头部延至腹部；飞翔时，腰白色并延至下背，尾端具黑色横斑，翼斑狭窄。冬羽：似夏羽，但下体的红色变为白色；头、颈部具细纵纹或灰褐色。

分布与习性 繁殖于北欧及亚洲，越冬南迁远至澳大利亚及新西兰。在当地，春、秋季节常集大群，有时与黑尾塍鹬混群；喜沿海泥滩、河流两岸及浅水沼泽。

识别要点 与黑尾塍鹬的区别在于嘴上翘，胸、胁及腹红色；飞翔时，尾端具黑色横斑，翅翼斑狭窄。

小杓鹬

Little Curlew
Numenius minutus

L30 旅鸟 ●●●●●

分类地位 鹬科 Scolopacidae 杓鹬属 *Numenius*

形态特征 嘴细长，嘴尖下弯；具贯眼纹、皮黄色眉纹及褐色侧冠纹；颈、胸具纵纹，胁具横纹，腹白色。飞翔时，腰、尾淡黄色且具不明显横纹。

分布与习性 繁殖于东北亚，冬季南迁至澳大利亚。在当地，4月中旬至5月上旬为北迁高峰期，数量众多；集群栖于草地、农田；被惊扰时，发出紧促的3声鸣叫；秋季南迁时分散。

识别要点 与中杓鹬的区别在于体型较小；嘴细而短；腰无白色；生境差异很大，无重叠。

摄影：刘月良

摄影：刘月良

摄影：刘月良

中杓鹬

Whimbrel
Numenius phaeopus

L43 旅鸟 ●●●●●

分类地位 鹬科 Scolopacidae 杓鹬属 *Numenius*

形态特征 嘴长而下弯；具贯眼纹、白眉纹及褐色侧冠纹；颈、胸具纵纹，胁具横纹，腹白色。飞翔时，翼下满布细纹，下背及腰白色，尾具细密横纹。

分布与习性 繁殖于欧洲北部及亚洲，越冬南迁至东南亚、澳大利亚及新西兰。在当地，4~11月常见，但没有发现繁殖种群；常单独活动或结小群栖于潮间带河口、河岸及沿海滩涂。

识别要点 与大杓鹬的区别在于嘴短、体型小，具侧冠纹；与小杓鹬的区别在于体型较大，嘴较粗长，腰白色。

白腰杓鹬

Eurasian Curlew
Numenius arquata

L55 旅鸟 ●●●●●

分类地位 鹬科 Scolopacidae 杓鹬属 *Numenius*

形态特征 嘴甚长而下弯；下体颈、胸具纵纹，腹白色。飞翔时，翼下白色，上背及腰白色，尾白色且具横斑。

分布与习性 繁殖于古北界北部，越冬南迁至印度尼西亚及澳大利亚。在当地，4~11月常见，没有观察到繁殖种群；常单独或结小群栖于潮间带河口、河岸及沿海滩涂；有时冬季偶见。

识别要点 与大杓鹬的区别在于腹白色；飞翔时，翼下白色，上背及腰白色，尾白色且具横斑。

摄影：陈建中

摄影：刘月良

摄影：刘月良

大杓鹬

Far Eastern Curlew
Numenius madagascariensis

L63 旅鸟 ●●●●●

分类地位 鹬科 Scolopacidae 杓鹬属 *Numenius*

形态特征 嘴甚长而下弯；下体红褐色，颈、胸具纵纹，腹红褐色。飞翔时，翼下满布细纹，腰红褐色，尾端具横斑。

分布与习性 繁殖于东北亚，越冬南迁远至大洋洲。在中国不常见，迁徙时定期经过中国东部及台湾。在当地，迁徙时可见，常与白腰杓鹬混群；常单独活动或结小群栖于河口、河岸及沿海滩涂。

识别要点 与白腰杓鹬的区别在于腹红褐色；飞翔时，翼下白色，翼下满布细纹，腰红褐色，尾端具横斑。

红脚鹬

Common Redshank
Tringa totanus

L28 旅鸟 ●●●●●

分类地位 鹬科 Scolopacidae 鹬属 *Tringa*

形态特征 夏羽：嘴较长，端黑色而基红色，眉纹较模糊；上体褐灰色且具细密黑色羽轴斑；下体白色，胸、胁具褐色纵纹；腿橙红色；飞翔时，翼后缘具白色宽带，下背及腰白色。冬羽：似夏羽，上体羽轴斑不明显且具白色点斑。

分布与习性 繁殖于非洲及古北界，越冬至印度尼西亚及澳大利亚。在当地，2~11月可见；常单独或小群，栖于近海滩涂、潮沟、池塘、河流两岸及浅水沼泽；惊飞时，发出连续的3~4声鸣叫。

摄影：刘月良

摄影：陈建中

夏羽 / 摄影：李在军

冬羽 / 摄影：刘月良

鹤鹬

Spotted Redshank
Tringa erythropus

L30 旅鸟 ●●●●●

分类地位 鹬科 Scolopacidae 鹬属 *Tringa*

形态特征 夏羽：嘴细长而直，黑色，下嘴基红色；体羽黑色，体背具白色羽缘，胁具白色鳞斑，眼圈白色；脚长，橘黄色或红色，飞翔时伸出尾外长。冬羽：具粗白色眉；上体体背鼠灰色，下体胸侧及胁具横纹，腹白色。

分布与习性 繁殖在欧洲，越冬至非洲、印度及东南亚。在中国，迁徙时常见；越冬在南方各省。在当地，3~11月常见；常单独或小群栖于近海滩涂、潮沟、池塘、河流两岸及浅水沼泽。

识别要点 冬羽与红脚鹬相似，区别在于嘴形细长且下嘴基红色，脚长飞翔时伸出尾外长。

泽鹬

Marsh Sandpiper
Tringa stagnatilis

L23 旅鸟 ●●●●●

分类地位 鹬科 Scolopacidae 鹬属 *Tringa*

形态特征 夏羽：嘴细长而尖；头、颈具细纵纹；上体体背褐色，具黑色羽轴斑；下体白色，胸、胁具小点斑；脚绿色，细长；飞翔时，下背及腰白色，尾具横纹。冬羽：似夏羽，但上体灰褐色且无羽轴斑，下体仅颈侧具稀点斑。

分布与习性 繁殖于古北界，越冬于非洲、南亚及东南亚并远及澳大利亚和新西兰。在当地，迁徙季节常见；常结小群；喜池塘、稻田及河沟两岸，与其他鹬混群。

识别要点 与黑翅长脚鹬相似，区别在于嘴形细长而尖直；脚绿色而细长。

摄影：陈建中

摄影：陈建中

青脚鹬

Common Greenshank
Tringa nebularia

L32 旅鸟 ●●●●●

分类地位 鹬科 Scolopacidae 鹬属 *Tringa*

形态特征 夏羽：嘴青绿色，较粗而上翘；头、颈具细密黑色纵纹；上体体背灰黑色，具黑色轴斑和白色羽缘；下体胸具细纵纹；脚黄绿色或青色而长；飞翔时，脚伸出尾外长，下背及腰白色，尾端具横纹。冬羽：似夏羽，但前颈纵纹消失；体背灰暗色；脚青绿色。

分布与习性 繁殖于古北界，越冬在非洲南部、印度次大陆、东南亚及马来西亚至澳大利亚。在当地，3~10月常见，通常单独或2~3只成群；喜河道、池塘的泥滩及沿海潮沟；进食时，嘴在水里左右甩动寻找食物；惊飞时，连续鸣叫3声。

识别要点 与小青脚鹬的区别在于嘴形显粗；颈显长；夏羽颈、胸纵纹较细；脚长而显绿色。

小青脚鹬

Nordmann's Greenshank
Tringa guttifer

L31　旅鸟　●●●○○

分类地位　鹬科 Scolopacidae　鹬属 *Tringa*

形态特征　夏羽：嘴粗厚，尖黑色而基黄色；上体灰褐色，体背具黑色粗斑和淡灰色羽缘；下体白色，颈、胸具粗纵纹；脚短，黄绿色；飞翔时，脚不伸出尾外，下背及腰白色，尾端具浅横纹。冬羽：似夏羽，但前颈纵纹消失，仅后颈具纵纹；体背灰白色；脚黄色。

分布与习性　繁殖于东北亚的萨哈林岛，冬季迁徙经日本及中国至孟加拉国及东南亚。在当地，迁徙时偶见，数量稀少，与其他涉禽混群而难以被发现；喜沿海泥滩，尤其是河口两侧的滩涂。

识别要点　与青脚鹬的区别在于嘴形显粗且前黑色而后黄色；颈显粗短；夏羽颈、胸具粗纵纹斑；脚短而显黄色；飞翔时，脚不伸出尾外；惊飞时，鸣叫声为沙哑的单声。

摄影：刘月良

白腰草鹬

Green Sandpiper
Tringa ochropus

L23 旅鸟 ●●●●●

分类地位 鹬科 Scolopacidae 鹬属 *Tringa*

形态特征 嘴暗绿色，白色眉短且仅在眼前部，并与眼圈相连。上体黑褐色，羽缘具极细点斑。下体颈、胸黑褐色且具纵纹，下体白色，脚短且暗绿色。飞翔时，翼下黑褐色且具白色细纹，腰白色，尾具横斑。

分布与习性 繁殖于欧亚大陆北部，越冬远及非洲、印度次大陆、东南亚。在当地，迁徙时常见；多单独活动；喜小水塘及池塘、沼泽地；受惊起飞时，呈锯齿形飞行。

识别要点 与林鹬冬羽相似，区别在于眉短且仅在眼前部；体背黑褐色；白色斑极细且在羽缘；腿暗绿色且短，显体矮；飞翔时，翼下黑褐色且具白色细纹。

林鹬

Wood Sandpiper
Tringa glareola

L20 旅鸟 ●●●●●

分类地位 鹬科 Scolopacidae 鹬属 *Tringa*

形态特征 夏羽：嘴青绿色而端黑色，眉纹白色；上体体背黑褐色，具密而较大的白色点斑；下体胸白色且具黑色细纵纹；胁具横纹；脚长，黄色；飞翔时，翼下白色，腰白色，尾具横纹，脚远伸于尾后。冬羽：似夏羽，但上体体背灰褐色较重，白色点斑较细密。

分布与习性 繁殖于欧亚大陆北部，越冬于非洲、印度次大陆、东南亚及澳大利亚。在当地，迁徙时常见；喜浅水的淡水沼泽、稻田；通常结成松散的小群。

识别要点 与白腰草鹬相似，区别在于具明显的白色眉纹；体背具密而较大的白色斑；腿黄色而长；飞翔时，脚远伸于尾后，翼下白色。

摄影：李在军

摄影：刘月良

摄影：陈建中

翘嘴鹬

Terek Sandpiper
Xenus cinereus

L23 旅鸟 ●●●●●

分类地位 鹬科 Scolopacidae 翘嘴鹬属 *Xenus*

形态特征 夏羽：嘴长而上翘，尖黑色而基黄色；眉纹至眼后模糊；上体灰褐色，肩部具黑色条带；下体颈、胸侧具纵纹；脚短而黄色，体型显矮；飞翔时，次级飞羽边缘白色。冬羽：似夏羽，但肩部黑色条带及颈、胸侧的纵纹不清晰或消失。

分布与习性 繁殖于欧亚大陆北部，越冬远及澳大利亚和新西兰。迁徙时，常见于中国东部及西部。在当地，迁徙季节常见；通常单独活动；喜沿海泥滩、滩河。

识别要点 与嘴上翘的鹬区别在于脚短而黄色；体型显矮；嘴前部黑色而后部黄色，肩部具黑色条带。

矶鹬

Common Sandpiper
Actitis hypoleucos

L20 旅鸟 ●●●●●

分类地位 鹬科 Scolopacidae 矶鹬属 *Actitis*

形态特征 成鸟：嘴深灰色，眉白色；头和上体暗褐色且具黑色斑纹；下体白色，胸具细纵纹，翼角前具白色斑块；翼不及尾；脚短，橄榄绿色；飞翔时，翼具白色翼带，腰无白色，外侧尾羽无白色横斑；翼下具黑色及白色横纹。亚成鸟：似成鸟，但上体黄褐色且具白色点斑。

分布与习性 繁殖于古北界及喜马拉雅山脉，越冬至非洲、印度次大陆、东南亚并远至澳大利亚。在当地，迁徙季节常见；多单独活动；栖于稻田、河流两岸及池塘；行走时，头不停地点动；停歇时，尾上下摆动；飞翔时，两翼僵直而具滑翔的特殊姿势。

识别要点 翼角前具特征性的白色斑块；飞翔时，翼具白色翼带，腰无白色，区别于林鹬、白腰草鹬。

摄影：刘月良

灰尾漂鹬

Grey-tailed Tattler
Heteroscelus brevipes

L25　旅鸟　●●○○○

分类地位　鹬科 Scolopacidae　漂鹬属 *Heteroscelus*

形态特征　夏羽：嘴粗而直，尖灰青色而基黄褐色；眉纹白色；上体灰褐色而无斑，下体喉白色，胸、胁具横纹，腹中央白色；脚短，黄色，显体型低矮。冬羽：似夏羽，但下体胸、胁无横纹而呈灰褐色。

分布与习性　繁殖于西伯利亚，越冬至马来西亚、澳大利亚及新西兰。在当地，迁徙时偶见；通常单独或成小群活动；喜沙质滩涂。

识别要点　与漂鹬的区别在于嘴具双色；夏羽上体显灰褐色，下体腹中央白色；冬羽眉纹明显。

翻石鹬

Ruddy Turnstone
Arenaria interpres

L23 旅鸟 ●●●●●

分类地位 鹬科 Scolopacidae 翻石鹬属 *Arenaria*

形态特征 雄鸟：嘴短而黑色，头顶白色且具黑纵纹；上体体背红褐色且具黑色斑块；下体、脸侧、颈、胸具黑色花斑；脚短，橘黄色；飞翔时，背白色，腰白色，尾黑色，翼具白色翼带。雌鸟：同雄鸟，但头顶不为白色而为红褐色。

分布与习性 单独或结小群活动，栖于有沙质的特别是有碎石的滩涂。

夏羽 / 摄影：陈建中

冬羽 / 摄影：陈建中

夏羽 / 摄影：陈建中

冬羽 / 摄影：陈建中

大滨鹬

Great Knot
Calidris tenuirostris

L27 旅鸟 ●●●●●

分类地位 鹬科 Scolopacidae 滨鹬属 *Calidris*

形态特征 夏羽：嘴黑色且厚；眉不清晰而头具细密纵纹；上体灰褐色，肩赤褐色；下体胸具密而黑色的大斑，胁具散斑；脚暗绿色；飞翔时，腰白色。冬羽：似夏羽，但上体灰色而无赤褐色；下体的大斑较稀散；翼角具黑色块。

分布与习性 繁殖于西伯利亚东北部，越冬至印度次大陆、东南亚和菲律宾并远及澳大利亚。在当地，迁徙期常结大群；喜潮间滩涂，有时到潮沟及河口、河滩。

识别要点 冬羽与红腹滨鹬的区别在于嘴形长、粗而略显下弯；头具细密纵纹；脚暗绿色；飞翔时，腰白色。

红腹滨鹬

Red Knot
Calidris canutus

L24 旅鸟 ●●●●●

分类地位 鹬科 Scolopacidae 滨鹬属 *Calidris*

形态特征 夏羽：嘴黑色而短厚；除头顶有细纹外头部红色；上体红褐色并杂有黑色斑；下体红色，下腹白色；脚黄绿色；飞翔时，腰具褐色横纹。冬羽：似夏羽，但体羽的红色消失而显灰褐色。

分布与习性 繁殖于北极圈内，越冬于美洲南部、非洲、印度次大陆、澳大利亚及新西兰。在当地，春季迁徙时常结大群；喜潮间滩涂、潮沟、河滩及河口。

识别要点 冬羽与大滨鹬的区别在于嘴形粗短；头部纵纹较散；脚黄绿色；飞翔时，腰具褐色横纹。

夏羽 / 摄影：陈建中

冬羽 / 摄影：陈建中

冬羽／摄影：陈建中

冬羽／摄影：陈建中

三趾滨鹬

Sanderling
Calidris alba

L20 旅鸟 ●○○○○

分类地位 鹬科 Scolopacidae 滨鹬属 *Calidris*

形态特征 夏羽：嘴黑色而粗短；头、颈红褐色且具细纵纹；上体红褐色，具黑色羽轴、白色羽缘；下体白色，胸红褐色且具纵纹；脚黑色，仅三趾；飞翔时，翼具白色宽翼带。冬羽：上体灰白色，具淡灰色羽轴及白色羽缘；翼角具黑色斑。

分布与习性 分布于全北界，繁殖在北半球，越冬至澳大利亚及新西兰。在当地，迁徙时偶见，通常随落潮在水边奔跑，同时拣食海潮冲刷出来的小食物；有时独行，但多喜群栖。

红颈滨鹬

Red-necked Stint
Calidris ruficollis

L15 旅鸟 ●●●●●

分类地位 鹬科 Scolopacidae 滨鹬属 *Calidris*

形态特征 夏羽：嘴黑色，嘴基较粗；头、颈红褐色而无纵纹，头顶及后颈具纵纹，胸具细纵纹；上体红褐色且具黑色羽轴；脚青绿色。冬羽：眉白色，头顶具灰褐色纵纹；喉及脸侧白色，颈灰褐色；上体灰褐色且具黑色羽轴。

分布与习性 繁殖于西伯利亚北部，越冬于东南亚至澳大利亚。在当地，4~11月常见，迁徙期结大群；喜在沿海滩涂、潮沟、河滩边跑边觅食。

识别要点 脚深色而区别于长趾滨鹬、青脚滨鹬；以下体仅颈红色而胸白色而区别于其他脚深色型鹬。

夏羽 / 摄影：陈建中

冬羽 / 摄影：孙劲松

冬羽 / 摄影：孙劲松

夏羽 / 摄影：陈建中

冬羽 / 摄影：陈建中

青脚滨鹬

Temminck's Stint
Calidris temminckii

L14 旅鸟 ●●●●●

分类地位 鹬科 Scolopacidae 滨鹬属 *Calidris*

形态特征 夏羽：眼圈白色；头、颈黄褐色且具细纵纹；上体褐灰色且具黄褐色翼斑，下体白色；脚绿色，较短。冬羽：似夏羽，但上体由黄褐色变为暗褐色并具黑羽轴；颈灰褐色。

分布与习性 繁殖于古北界北部，越冬于非洲、中东、印度、东南亚、菲律宾、加里曼丹岛。在当地，迁徙期常见；喜沿海滩涂、潮沟、河滩、沼泽及池塘中的浅水区；飞行快速，紧密成群做盘旋飞行；站姿较平。

识别要点 以脚绿色或偏黄色、体色黄褐色较重、胸色较整齐而肋无纵纹、站姿较低平而区别于其他滨鹬。

长趾滨鹬

Long-toed Stint
Calidris subminuta

L14 旅鸟 ●●●●●

分类地位 鹬科 Scolopacidae 滨鹬属 *Calidris*

形态特征 夏羽：白色眉明显，头顶红褐色，颈显细长；上体黑褐色且具红棕色羽缘，背具"V"字形白色斑；下体胸、胁具细纵纹；脚及趾黄色，较长，飞翔时伸于尾外。冬羽：似夏羽，但上体灰褐色较重且具红褐色羽缘。

分布与习性 繁殖于西伯利亚，越冬于印度、东南亚至澳大利亚。在当地，迁徙时常见；喜沿海滩涂、小池塘、稻田及其他的泥泞地带；单独或结群活动，常与其他涉禽混群。

识别要点 与尖尾滨鹬的区别为：胸、胁的纵纹较细长，不是"V"字形。以脚黄色而区别于其他滨鹬，但与青脚滨鹬相似，区别在于颈长、站姿直、眉纹更明显。

摄影：陈建中

摄影：陈建中

尖尾滨鹬

Sharp-tailed Sandpiper
Calidris acuminata

L19 旅鸟 ●●●●●

分类地位 鹬科 Scolopacidae 滨鹬属 *Calidris*

形态特征 夏羽：眉白色，头顶红棕色；上体红褐色且具黑色羽轴，下体胸红褐色，胁具"V"字形纵纹；脚黄绿色。冬羽：似夏羽，但上体红褐色变淡，下体具黑褐色纵纹但较细小。

分布与习性 繁殖于西伯利亚，越冬至新几内亚、澳大利亚及新西兰。在当地，迁徙时常见，集小群栖于沿海滩涂、潮沟、盐池及稻田、浅水池塘；常与其他涉禽混群。

识别要点 与长趾滨鹬的区别在于胸、胁的纵纹较粗大，呈明显"V"字形。

弯嘴滨鹬

Curlew Sandpiper
Calidris ferruginea

L21 旅鸟 ●●●●●

分类地位 鹬科 Scolopacidae 滨鹬属 *Calidris*

形态特征 夏羽：嘴黑色，长而下弯；通体栗红色，颏白色，体背具黑色羽轴及白色羽毛缘，腹及臀具白色横斑；飞翔时，腰白色。冬羽：栗红色消失，具白色眉；体背灰褐色，具白色羽缘；胸褐色，具细纵纹。

分布与习性 繁殖于西伯利亚北部，越冬于非洲、中东、印度次大陆及澳大利亚。在当地，迁徙时常见，与其他涉禽混群；栖于沿海滩涂、稻田、池塘。

识别要点 冬羽与黑腹滨鹬相似，区别在于嘴形平滑下弯，弧度大；体背褐色较重且具白色羽缘。

夏羽 / 摄影：陈建中

冬羽 / 摄影：陈建中

夏羽 / 摄影：张锡贤

夏羽 / 摄影：陈建中

冬羽 / 摄影：张锡贤

黑腹滨鹬

Dunlin
Calidris alpina

L19 旅鸟 ●●●●●

分类地位 鹬科 Scolopacidae 滨鹬属 *Calidris*

形态特征 夏羽：嘴黑色，嘴端下弯，眉纹白色；上体赤褐色且具黑色羽轴；下体胸具细纵纹，腹具黑色大块斑；腰中央黑色而外侧白色。冬羽：上体淡灰褐色，具黑色细羽轴；下体白色，胸具细纵纹。

分布与习性 繁殖于全北界北部，越冬往南。在中国为常见过境鸟及冬候鸟。在当地，迁徙时常见，多集群栖于沿海滩涂、河流及泥滩；进食忙碌，受惊吓时快速起飞。

识别要点 冬羽与弯嘴滨鹬的区别在于嘴端处下弯而不是嘴平滑下弯；体背淡灰色较重，无白色羽缘。

阔嘴鹬

Broad-billed Sandpiper
Limicola falcinellus

L17 旅鸟 ●●○○○

分类地位 鹬科 Scolopacidae 阔嘴鹬属 *Limicola*

形态特征 夏羽：嘴长而下弯，黑色；具双眉纹；上体红褐色且具灰褐色纵纹，翼角常具明显的黑色块斑；下体白色，胸具细纹；腰及尾的中心部位黑色而两侧白色，脚绿褐色。冬羽：似夏羽，上体的红褐色被灰褐色取代。

分布与习性 繁殖于北欧及西伯利亚北部，越冬于热带地区至澳大利亚。在当地，迁徙期偶见；性孤僻；喜潮湿的沿海泥滩、沙滩及沼泽地区；翻找食物时，嘴垂直向下；遇警时，蹲伏。

识别要点 与黑腹滨鹬的区别在于嘴下弯不平滑；嘴尖具微小纽结，使其看似破裂；具双眉纹；脚短。

雄鸟／摄影：IBC网站

雄鸟／摄影：IBC网站

雌鸟／摄影：IBC网站

雌鸟／摄影：IBC网站

流苏鹬

Ruff *Philomachus pugnax*　L28（雄）、L23（雌）　旅鸟　●●●○○

分类地位　鹬科 Scolopacidae　流苏鹬属 *Philomachus*

形态特征　雄鸟：嘴细，头小，颈长，脚长；夏羽时，头具耳簇饰羽，颈具流苏状饰羽，并具白色、红色、黑色多种变化；冬羽时，无饰羽，体色灰褐色。雌鸟：嘴青灰色且略下弯；眼圈白色，有黑色贯眼纹；上体黑褐色且具黄褐色羽缘。幼鸟：似雌鸟，但多黄褐色。

分布与习性　繁殖于北欧和亚洲，越冬于非洲及南亚。在当地，不规律出现；喜沿海滩涂及浅水沼泽，与其他涉禽混群。

识别要点　雄鸟有多种色型变化，但头小、颈长、脚长而显体型特殊；雌鸟具贯眼纹及白色眼圈，感觉神情暗淡，易区别于其他相似种。

黑尾鸥

Black-tailed Gull
Larus crassirostris

L47 冬候鸟 ●●●●●

分类地位 鸥科 Laridae 鸥属 *Larus*

形态特征 夏羽：嘴粗而黄色，尖红色，次端黑色；上体体背及翼黑色，脚黄色；飞翔时，尾白色而具宽大的黑色次端带。冬羽：同夏羽，但头顶及颈背具深色斑。亚成鸟：全身褐红色；脸部色浅；嘴粉红色而端黑色；脚粉红色。

分布与习性 分布于日本沿海及中国海域。在中国，繁殖于山东及福建沿海，越冬于华南、华东、云南及沿长江区域。在当地，10月下旬至翌年4月上旬常见；分布于近海滩涂、河口、水库等生境中。

识别要点 以嘴黄色而尖黑色、尾具黑色次端带而区别于其他鸥。许多鸥的亚成体具黑色次端带，识别时请注意。

摄影：陈建中

摄影：刘月良

摄影：张兆栋

飞翔／摄影：陈建中

幼鸟／摄影：陈建中

成鸟／摄影：陈建中

普通海鸥

Mew Gull
Larus canus

L45 冬候鸟 ●●●●●

分类地位 鸥科 Laridae 鸥属 *Larus*

形态特征 夏羽：嘴细短，黄色；头形圆小；脚黄色；飞翔时，翼灰色而初级飞羽黑色，并具白色斑。冬羽：似夏羽，头及颈散见褐黄色细纹；有时嘴尖有黑色或下嘴带红色斑。亚成鸟：嘴、脚淡红色，嘴尖黑色；颈侧具细纹；上体灰褐色且具淡羽缘，下体具褐色斑；腰白色，尾端黑色。

分布与习性 分布于欧洲、亚洲至美国阿拉斯加州及北美洲西部。在中国，繁殖于北方；迁徙时见于东北各省；越冬在整个沿海。在当地，11月至翌年4月可见；栖于近海滩涂、浅水池塘等地；常集群；喜低空飞翔。

识别要点 以嘴细短且显黄色，头部圆小而区别于其他鸥。

西伯利亚银鸥

Siberian Gull
Larus vegae

L62 冬候鸟 ●●●●●

分类地位 鸥科 Laridae 鸥属 *Larus*

形态特征 夏羽: 嘴黄色, 尖具红色点; 体背灰色偏蓝色, 通常三级飞羽及肩部具白色的宽月牙形斑; 合拢的翼上可见2~5枚大小相等的凸出的白色翼尖; 腿粉红色。冬羽: 头及颈背具深色纵纹, 并及胸部; 飞行时, 翼尖黑色外缘具白色点斑。

分布与习性 繁殖于俄罗斯北部及西伯利亚北部，越冬于南方。在中国，冬季常见，越冬于渤海、华东及华南沿海等地。在当地，10月下旬至翌年3月常见；常集群，栖于沿海滩涂或芦苇沼泽。

识别要点 与黄脚银鸥的区别在于头及颈背具褐色纵纹；翼深灰色较深；脚粉红色而无黄色。

摄影：刘月良

摄影：李在军

摄影：刘月良

黄脚银鸥

Yellow-legged Gull
Larus cachinnans

L60　冬候鸟　●●●●●

分类地位　鸥科 Laridae　鸥属 *Larus*

形态特征　夏羽：嘴黄色，下嘴尖且具红色斑；上体灰色，三级飞羽及肩羽具白色的宽月牙形斑，翼合拢时通常可见3个大小相同的白色羽尖；脚为粉红色或黄色；飞翔时，初级飞羽外侧具大翼镜。冬羽：头及颈背无褐色纵纹。

分布与习性　繁殖于黑海至俄罗斯南部、蒙古至中国东北，越冬于以色列、波斯湾、印度洋及东亚国家。在当地，10月下旬至翌年3月常见；多集群，栖于近海的滩涂、池塘、潮沟。

识别要点　冬季头及颈背无褐色纵纹，嘴形相对尖，脚黄色，初级飞羽外侧具大翼镜，以此区别于其他鸥。

灰背鸥

Slaty-backed Gull
Larus schistisagus

L61 冬候鸟 ●●●○○

分类地位 鸥科 Laridae 鸥属 *Larus*

形态特征 成鸟：嘴黄色，上具红色点，额部显平扁；翼深灰色，腿粉红色；冬羽时，头后及颈部具褐色纵纹。亚成鸟：嘴黑色，额及喉白色；上体灰褐色且密布白色羽缘，下体具红褐色杂纹；尾白色而端黑色。

分布与习性 繁殖于西伯利亚东部及日本北部，越冬在日本及朝鲜沿海。在中国，冬季常见于沿海地区。在当地，11月至翌年3月可见，数量分散；栖于沿海滩涂、河沟，有时到附近水库栖息。

识别要点 以翼深灰色、额部显平扁而区别于其他大型鸥。

幼鸟 / 摄影：袁晓

摄影：大连红隼

摄影：大连红隼

渔鸥

Great Black-headed Gull
Larus ichthyaetus

L68 迷鸟 ●○○○○

分类地位 鸥科 Laridae 鸥属 *Larus*

形态特征 夏羽：嘴厚而显黄色，嘴尖红色，之间具黑色环带；头黑色，上下眼睑白色。冬羽：头白色，眼周具暗斑，头顶有深色纵纹，嘴上红色大部分消失；飞行时，翼下全白色，仅翼尖有小块黑色并具翼镜；第一冬的鸟头白色，头及上背具灰色杂斑，嘴黄色而端黑色，尾端黑色。

分布与习性 繁殖于黑海至蒙古，越冬在地中海东部、红海至缅甸沿海及泰国西部。在中国，繁殖于青海湖、扎陵湖及内蒙古的乌梁素海，迁徙经过中国西部省份至越冬地。在当地为迷鸟，在3月份偶有记录；与其他鸥混群，栖于近海滩涂。

棕头鸥

Brown-headed Gull
Larus brunnicephalus

L42 迷鸟 ●○○○○

分类地位 鸥科 Laridae 鸥属 *Larus*

形态特征 夏羽：嘴红色而粗；头及颈褐灰色；虹膜色浅，白色眼睑窄；飞翔时，初级飞羽白色，端黑色而具白色点斑。冬羽：头部纹少，显白洁；眼先污色，眼后具深褐色块斑。亚成鸟：似冬羽，但翼尖无白色点斑；尾尖具黑色横带。

分布与习性 繁殖于亚洲中部，越冬于印度、中国至孟加拉湾及东南亚。在中国，繁殖在西藏中部及青海，迁徙时见于中国北部及西南部。在当地为迷鸟，4~5月在近海滩涂偶有记录。

识别要点 与红嘴鸥的区别在于嘴较粗；眼睛虹膜色浅；飞翔时，初级飞羽白色，端黑色而具白色点斑。

冬羽／摄影：自由人

摄影：薄顺奇

红嘴鸥

Black-headed Gull
Larus ridibundus

L40 旅鸟 ●●●●●

分类地位 鸥科 Laridae 鸥属 *Larus*

形态特征 夏羽：嘴红色而细长；头巧克力色，白色眼睑较窄；飞翔时，初级飞羽翼上末端黑色、外侧白色；翼下黑色、外则白色；脚红色。冬羽：似夏羽，但头白色；嘴红色或黄色而尖黑色；眼先稍污色，头顶有褐色斑，眼后有黑色斑。亚成鸟：似冬羽，嘴、脚红色或黄色；头顶白色较重；眼后有黑色斑；翅具褐色。

分布与习性 繁殖于古北界，越冬于印度至东南亚。在当地，一年中除冬季结冰外其他季节常见，但没有发现繁殖种群；栖于近海滩涂、河流、池塘及淡水水域等多种水域生境中。

识别要点 嘴形细长，非繁殖期嘴红或黄色而嘴尖黑色，冬羽眼后具黑色斑；飞翔时，翼外侧白色，翼下初级飞羽黑色。

黑嘴鸥

Saunders's Gull
Larus saundersi

L33 夏候鸟 ●●●●●

分类地位 鸥科 Laridae 鸥属 *Larus*

形态特征 夏羽：嘴粗短、黑色；头黑色并延至颈后，眼周白色；脚深红色；飞翔时，初级飞羽外侧白色、缘黑色，翼下初级飞羽外侧黑色。冬羽：似夏羽，但头部白色，头顶具淡褐色斑；眼前部污黑色，眼后有黑色斑。亚成鸟：似冬羽，但色斑淡褐色较重；翅带褐色；尾端具细黑色带。

分布与习性 中国东部特有的繁殖鸟，仅繁殖于辽宁、河北、山东及江苏盐城，越冬于南部沿海。在当地，3月中旬至11月常见；繁殖于潮间带有碱蓬、芦苇或柽柳的生境中；巢区与普通燕鸥重叠；取食时，从飞行中突然垂直下降，快降落时又一转身然后捕食食物；几乎从不游泳。

识别要点 与红嘴鸥的区别在于嘴黑色而粗短；飞翔时，初级飞羽外侧白色、缘黑色，翼下初级飞羽外侧黑色。

摄影：刘月良

摄影：刘月良

摄影：刘月良

夏羽 / 摄影：陈建中

冬羽 / 摄影：刘月良

遗鸥

Relict Gull
Larus relictus

L45 冬候鸟 ●●●○○

分类地位 鸥科 Laridae 鸥属 *Larus*

形态特征 夏羽：嘴暗红色而嘴尖黑色；头黑褐色延至颈后，白色眼睑较宽；飞翔时，翼尖黑色，具白色点斑；脚暗红色。冬羽：似夏羽，但头白色；嘴竹青色，嘴尖黑色；眼先稍污色，头顶白色，后颈部有细密褐纹。亚成鸟：似冬羽，嘴淡红色而嘴尖黑色；颈及两翼具褐色杂斑。

分布与习性 繁殖在亚洲中部和中北部湖泊。在中国，繁殖于内蒙古的鄂尔多斯、呼伦池等有限区域。在当地，11月至翌年3月越冬；种群数量众多，喜近海滩涂尤其是潮线附近，偶尔至附近渔池、盐池。

识别要点 头黑褐色；嘴及脚暗红色；飞翔时，翼尖黑色且具白色点斑。后颈具细密褐色纹而眼后无黑色斑为冬羽时特征。

鸥嘴噪鸥

Gull-billed Tern
Gelochelidon nilotica

L39 夏候鸟 ●●●●●

分类地位 燕鸥科 Sternidae 噪鸥属 *Gelochelidon*

形态特征 夏羽：嘴粗，黑色；头顶黑色，体背灰色；下体白色染灰色；脚黑色；飞翔时，翼下覆羽全白色。冬羽：似夏羽，但头顶全白色，有黑色粗眼斑。幼鸟：似冬羽，体羽染褐色；嘴有时未完全变为黑色。

分布与习性 分布几乎遍及全世界。在当地，4~11月常见；集小群栖于近海盐池、干燥滩涂、芦苇沼泽、鱼虾池等地，有时沿河流到内陆水域栖息；常徘徊飞行；取食时，通常轻掠水面或于泥地中捕食甲壳类动物及其他猎物，很少潜入水中。

识别要点 嘴形粗、黑色而不是尖细，冬羽头全白色，有黑色粗眼斑，以此区别于其他燕鸥。

冬羽 / 摄影：李在军

摄影：陈建中

摄影：陈建中

摄影：刘月良

摄影：刘月良

红嘴巨燕鸥

Caspian Tern
Hydroprogne caspia

L49 旅鸟 ●●●●○

分类地位 燕鸥科 Sternidae 巨鸥属 *Hydropragne*

形态特征 夏羽：嘴形粗大，红色，嘴尖黑色；头顶黑色，体背灰色，下体白色，脚黑色；飞翔时，初级飞羽灰色。冬羽：似夏羽，但头顶白色并具纵纹。

分布与习性 分布于美洲、非洲、欧洲、亚洲至印度尼西亚及澳大利亚。在中国，繁殖于从渤海至海南的沿海及长江上游。在当地，迁徙时常见；集小群栖于河口、滩涂及芦苇、沼泽。

识别要点 以形长、粗大、红色的嘴而区别于其他燕鸥。

普通燕鸥

Common Tern
Sterna hirundo

L35 夏候鸟 ●●●●●

分类地位 燕鸥科 Sternidae 燕鸥属 *Sterna*

形态特征 夏羽：嘴细长而尖，头顶黑色；停歇时，尾与翼等长；东北亚种的嘴、脚黑色，体背及下体灰色而喉、胸白色；指名亚种嘴、脚红色，嘴尖黑色，体背灰色而下体白色。冬羽：似夏羽，额及头前部白色；过眼线、后枕、颈背黑色。幼鸟：似冬羽，体背具褐色斑。

分布与习性 繁殖于北美洲及古北界，越冬于南美洲、非洲、印度洋至印度尼西亚及澳大利亚。在当地，4~11月常见；喜沿海水域，有时在内陆淡水区；繁殖于潮间带有碱蓬、芦苇或柽柳的生境中；巢简陋，巢内几无巢材，巢区与黑嘴鸥的重叠；从高空俯冲水面取食。

摄影：付建智

摄影：孙劲松

摄影：陈建中

摄影：陈建中

白额燕鸥

Little Tern
Sterna albifrons

L24 夏候鸟 ●●●●●

分类地位 燕鸥科 Sternidae 燕鸥属 *Sterna*

形态特征 夏羽：嘴形长、黄色而尖黑色；头顶、颈背及过眼线黑色；额白色；脚红色。冬羽：似夏羽，头顶黑色变淡、窄；翼前缘黑色，后缘白色。亚成鸟：似冬羽，嘴淡黑色而脚粉红色；头顶及上背具褐色杂斑；翼缘褐色。

分布与习性 全世界有广泛分布。在中国，繁殖于大部分地区。在当地，3~11月常见；栖于近海滩涂、盐池及潮沟；筑巢于干燥或带沙的地面，巢简陋，稍高于地面，巢底铺以贝壳或沙石；飞翔时，振翼快速，常做徘徊飞行；潜水方式独特，入水快，飞升也快。

灰翅浮鸥

Whiskered Tern
Chlidonias hybrida

L25 夏候鸟 ●●●●●

分类地位 燕鸥科 Sternidae 浮鸥属 *Chlidonias*

形态特征 夏羽：嘴红色，头顶黑色，下体黑色，上体灰色；喉及脸侧白色；脚红色；飞翔时，翼下覆羽白色，尾呈浅叉形。冬羽：似夏羽，额白色；头顶具细纹；颈背黑色而体背灰色，下体白色。幼鸟：似冬羽，体背具褐色斑。

分布与习性 繁殖在非洲南部、西古北界的南部、南亚及澳大利亚。在中国，繁殖于东半部；越冬时南迁。在当地，4~11月常见；结小群活动，偶成大群；喜淡水区域，有时停歇于路边电线杆或植物秆茎上；取食玉米、高粱种子，或扎入浅水或低掠水面来取食鱼类。

识别要点 与普通燕鸥的区别为：下体黑色并与体背的灰色对比明显，喉及脸侧白色；冬羽难以区别。

摄影：李在军

摄影：陈建中

摄影：陈建中

白翅浮鸥

White-winged Tern
Chlidonias leucopterus

L23　夏候鸟　●●●●●

分类地位　燕鸥科 Sternidae　浮鸥属 *Chlidonias*

形态特征　夏羽：嘴红色，头、颈及下体黑色，体背灰色，翼灰色，翼上覆羽白色；脚红色；飞翔时，翼下覆羽与头、颈及下体黑色，翼上覆羽、初级飞羽及尾白色。冬羽：嘴黑色，额白色，眼斑、耳羽及后枕黑色，具白色颈环；上体浅灰色，下体白色，翼浅灰色；脚黑色。

分布与习性　繁殖于南欧及波斯湾，横跨亚洲至俄罗斯中部及中国，越冬于非洲南部，并经印度尼西亚至澳大利亚。在当地，4~11月常见；喜沿海水域及芦苇沼泽，常小群活动；觅食时常频繁振翅停留于低空，见食物后垂直冲入水中捕食；休息时常栖于杆状物上。

沙鸡目

PTEROCLIFORMES

全世界共有1科16种。中国有1科3种。黄河三角洲有1科1种。

沙鸡科：体型似鸽，嘴形似鸡、较短。体色沙棕色，杂以黑褐色细纹，尾羽形长。脚短而被羽。善奔走，飞行迅速，喜集群。当地有1种。

雌鸟／摄影：丁洪安

摄影：袁晓

毛腿沙鸡

Pallas's Sandgrouse
Syrrhaptes paradoxus

L36 冬候鸟 ●●●●○

分类地位 沙鸡科 Pteroclidae 毛腿沙鸡属 *Syrrhaptes*

形态特征 雄鸟：头灰色，具橙黄色眉纹及喉；上体体背黄褐色且具黑色横纹；下体胸灰色且具黑色横斑胸带，腹黄色且具黑色大斑；尾形长；脚短而被羽；飞翔时，翼下及尾下覆羽白色，腹部黑色，尾形长。雌鸟：似雄鸟，但头顶具细纵纹，无黑色横斑胸带，于颈侧具黑色点斑；下喉具细黑色纹；翼布满黑色斑。

分布与习性 分布于中亚及中国北部。在中国北方有无定性留鸟，东北鸟群越冬于河北、陕西、辽宁及山东。在当地，10月下旬至翌年3月下旬越冬；集大群于农田、草地，但有的年度有记录。

鸽形目

COLUMBIFORMES

全世界共有1科309种。中国有1科31种。黄河三角洲有1科5种。

鸠鸽科：体型如家鸽，嘴短小，体长，翼长而短圆，尾长多呈楔形或圆形。脚较短，四趾等长。当地有5种。

摄影：刘月良

岩鸽

Hill Pigeon
Columba rupestris

L31 旅鸟 ●●○○○

分类地位 鸠鸽科 Columbidae 鸽属 *Columba*

形态特征 头、颈灰色带绿紫色光泽。体色淡灰色，翼具2道黑色翼带，上背白色，尾端黑色而基白色。

分布与习性 分布于喜马拉雅山脉、中亚至中国的东北部。在中国，留鸟分布于新疆西部及西藏，季候鸟繁殖遍及华北、华中、东北各省。在当地，不定期偶尔出现。

相似种 与原鸽的区别在于腹部及背灰白色；体色较浅；上背白色；尾端黑色而基白色。

山斑鸠

Oriental Turtle Dove
Streptopelia orientalis

L32 旅鸟 ●●●●●

分类地位 鸠鸽科 Columbidae 斑鸠属 *Streptopelia*

形态特征 头部淡灰色。后颈具黑色、白色相间的5道横纹。体背黑褐色且具红褐色羽缘，腰灰色，尾黑色而端白色。下体偏粉色。

分布与习性 常见且分布广泛。在当地4~5月和9~10月常见；多成对或单独活动；沿海迁徙，有时栖于农田、村庄树林，取食于地面。

识别要点 与珠颈斑鸠的区别在于颈侧有带明显黑色、白色条纹的块状斑。

摄影：付建智

灰斑鸠

Eurasian Collared Dove
Streptopelia decaocto

L32 旅鸟 ●●●●●

分类地位 鸠鸽科 Columbidae 斑鸠属 *Streptopelia*

形态特征 整体色淡灰色，后颈具黑色半颈环且上、下缘白色。上体包括尾淡灰色，翼褐色较轻。下体灰色略染粉色，尾下覆羽端白色而基黑色。

分布与习性 分布于欧洲至土耳其、缅甸及中国。在当地，4~5月和9~10月常见；栖于农田及村庄附近，常停歇于路边电线上。

识别要点 后颈具黑色、白色半领圈，体色浅而多灰色，以此区别于山斑鸠及火斑鸠。

火斑鸠

Red Turtle Dove
Streptopelia tranquebarica

L23 旅鸟 ●●●●●

分类地位 鸠鸽科 Columbidae 斑鸠属 *Streptopelia*

形态特征 头灰色，后颈具黑色半颈环。体色红褐色较重，翼黑色，尾灰色而尾端外缘白色。雌鸟色较浅且暗，体羽红色较少。

分布与习性 分布于喜马拉雅山脉和印度、中国至东南亚。在当地，4~5月和8~10月常见；多成对活动，喜林缘，取食于地面。

识别要点 颈部的黑色半领圈前端白色，下体偏粉红色，以此区别于灰斑鸠。

雄鸟／摄影：陈建中

雄鸟／摄影：朱英

雌鸟／摄影：朱英

摄影：刘月良

摄影：单凯

珠颈斑鸠

Spotted Dove
Streptopelia chinensis

L30 留鸟 ●●●●●

分类地位 鸠鸽科 Columbidae 斑鸠属 *Streptopelia*

形态特征 头部淡灰色。上体褐色，下体粉红色，喉部近白色。后颈黑色，并密布白色点斑。尾长，外侧尾羽前端白色。

分布与习性 常见并广布于东南亚。在中国为常见留鸟。与人类共生，栖于村庄周围、公园、居民区等多种环境中，于地面取食。受干扰后，缓缓振翅，贴地而飞。

识别要点 颈侧满是白点的黑色块斑，以此区别于其他斑鸠。

鹃形目

CUCULIFORMES

全世界共有2科159种。中国有1科20种。黄河三角洲有1科5种。

杜鹃科：树栖性，卵寄生，嘴细而嘴基粗并下弯，翼短圆，尾长多呈凸形，跗趾短弱，趾两向前两向后呈对趾。当地有5种。

摄影：单凯

摄影：郝夏宁

摄影：郝夏宁

摄影：郝夏宁

大鹰鹃

Large Hawk-cuckoo
Cuculus sparverioides

L40 夏候鸟 ●○○○○

分类地位 杜鹃科 Cuculidae 杜鹃属 *Cuculus*

形态特征 成鸟：嘴黑色而下弯；头灰色，颏黑色；上体褐灰色，下体胸棕色且具褐色纵纹，腹白色且具褐色横斑；尾褐色且具5道横纹。亚成鸟：头灰色，上体褐色带棕色横斑；下体皮黄色，胸具黑色纵纹，腹具横纹。

分布与习性 在喜马拉雅山脉、中国南部、菲律宾、加里曼丹岛及苏门答腊岛为留鸟。在中国西藏南部、华中、华东、东南及西南和海南岛为不常见夏季繁殖鸟。在当地偶见，栖于树林，隐蔽于林间树冠鸣叫。

识别要点 以颏黑色及独特的音调不断增高至狂暴高潮而区别于其他杜鹃。

四声杜鹃

Indian Cuckoo
Cuculus micropterus

L30 夏候鸟 ●●●●●

分类地位 杜鹃科 Cuculidae 杜鹃属 *Cuculus*

形态特征 喉、胸淡灰色。上体及尾褐色，下体胸以下白色且具黑色粗横纹。尾羽具宽黑色次端斑。雌鸟体色多褐色。亚成鸟头及上背具偏白色的皮黄色鳞状斑纹。

分布与习性 分布于东亚、东南亚等地。在中国为常见夏季繁殖鸟，见于东北至西南及东南。在当地，3~10月常见，栖于森林及次生林上层；常只闻其声不见其鸟，繁殖期于芦苇丛中常听其鸣叫。

识别要点 以叫声为4声“one more bottle”而易区别于其他杜鹃。

摄影：陈建中

摄影：陈建中

摄影：陈建中

棕色型 / 摄影：刘月良

摄影：陈建中

摄影：刘月良

大杜鹃

Common Cuckoo
Cuculus canorus

L32 夏候鸟 ●●●●●

分类地位 杜鹃科 Cuculidae 杜鹃属 *Cuculus*

形态特征 头、颈及上体石板灰色。下体胸下白色，具细黑色横纹。翼边具白色斑。尾黑褐色，端白色而无深色次端斑。棕色型雌鸟为棕色，背部具黑色横斑。

分布与习性 繁殖于欧亚大陆，迁徙至非洲及东南亚。在中国常见，夏季繁殖于中国大部分地区。在当地，3~10月常见，春耕时常在农田鸣叫；喜开阔的林地及芦苇地，有时可见于电线上。

识别要点 叫声为2声“布谷”，下体的黑色横纹较细、间距较小，以此区别于其他杜鹃。

东方中杜鹃

Oriental Cuckoo
Cuculus optatus

L26 夏候鸟 ●●●○○

分类地位 杜鹃科 Cuculidae 杜鹃属 *Cuculus*

形态特征 头及上体石板灰色，翼褐色且翼角边缘白色，尾纯黑灰色而无斑。下体胸以下具黑色横斑。

分布与习性 繁殖于欧亚北部及喜马拉雅山脉，越冬于东南亚及大巽他群岛。在中国相当常见，繁殖于多个地区。在当地，3~10月可见，喜欢密树林，隐于林冠；除春季繁殖期叫声非常频繁外，其他季节很难被观察到。

识别要点 叫声低沉，为4声“呼、呼、呼、呼”，翼角边缘白色，以此区别于其他杜鹃。

摄影：袁晓

摄影：陈建中

幼鸟 / 摄影：袁晓

幼鸟 / 摄影：袁晓

小杜鹃

Lesser Cuckoo
Cuculus poliocephalus

L26　夏候鸟　●●○○○

分类地位　杜鹃科 Cuculidae　杜鹃属 *Cuculus*

形态特征　头、颈及上体灰色，下体胸以下具较粗且稀疏的横斑，臀部沾皮黄色。尾黑色，无横斑但端具白色窄边。

分布与习性　分布于喜马拉雅山脉至印度、中国中部及日本，越冬于非洲至印度南部及缅甸。在当地较少见，栖于多森林地带及其附近村庄、农田，喜欢在林缘鸣叫。

识别要点　叫声为5~6声“阴天打酒喝”，体型小，胸下斑较粗且稀疏，以此区别于其他杜鹃。

鸮形目

STRIGIFORMES

全世界共有2科205种。中国有2科31种。黄河三角洲有2科8种。

草鸮科：脸盘特大，犹如猴面，俗有“猴面鹰”之称。当地有1种。

鸱鸮科：脸部具明显的脸盘，长有或长或短的耳簇羽，两翼宽圆，体羽松散，嘴短带钩，爪锋利，外趾可内外转动。当地有7种。

东方草鸮

Eastern Grass Owl
Tyto longimembris

L35 夏候鸟 ●●●●●

分类地位 草鸮科 Tytonidae 草鸮属 *Tyto*

形态特征 具形长的心形面庞。上体红褐色，具细小的白色点斑。下体胸皮黄色且具细点斑，腹白色。

分布与习性 分布于非洲与新几内亚、日本、澳大利亚、印度次大陆至中国与东南亚。在中国，分布于西南及华南，但较罕见。在当地，4~6月间繁殖于开阔的地势高的白茅、芦苇草地中；在巢区附近，会听到亲鸟异常低沉的“呼、呼”声，受惊扰后亲鸟会护雏而不离开巢穴，走近后亲鸟急速低空沿草丛上方惊飞。

备　　注 在当地多次被发现，以往资料记录的中国分布区可能有误。

领角鸮

Collared Scops Owl
Otus lettia

L24 留鸟 ●●●●●

分类地位 鸱鸮科 Strigidae 角鸮属 *Otus*

形态特征 耳羽簇长，黑色眉长而明显，面盘外缘黑色，具特征性的灰色或乳白色颈圈。上体偏灰色或沙褐色，并多具黑色及皮黄色的杂纹或斑块；下体皮黄色，条纹黑色。

分布与习性 分布于印度次大陆、东亚、中国、日本、东南亚。在当地为不常见留鸟；栖于密枝树冠，于黄昏或夜间活动，繁殖季节叫声哀婉；从栖处跃下地面捕捉猎物。

摄影：李在军

幼鸟 / 摄影：付建智

摄影：陈建中

摄影：陈建中

红角鸮

Oriental Scops Owl
Otus sunia

L19 夏候鸟 ●●●●●

分类地位 鸱鸮科 Strigidae 角鸮属 *Otus*

形态特征 灰色型：眼先及眉黄白色，头顶平，头显方正；上体红褐色，背具黑色细纵纹及黄白色细斑点，肩部具白色斑；下体颈及胸淡黄褐色，具不明显暗褐色纵斑，腹以下白色，不带淡褐色。棕色型：似灰色型，但体色偏红褐色。

分布与习性 分布于古北界西部至中东及中亚。在中国的分布极为有限。在当地为常见夏候鸟，栖于林缘、林中空地及次生林的小矮树上。

识别要点 与领角鸮的区别在于体型小，眼色较浅且无浅色颈圈；与黄嘴角鸮的区别在于胸具黑色条纹，体小而灰色重。

雕鸮

Eurasian Eagle-owl
Bubo bubo

L69 留鸟 ●●○○○

分类地位 鸱鸮科 Strigidae 雕鸮属 *Bubo*

形态特征 体型硕大，耳羽簇长，眼橘黄色。体色深褐色，颈及胸具黑色纵纹。上体体背具黑色、白色杂斑，下体胸以下具细密的黄色横纹及黑色细纵纹。

分布与习性 分布于古北界、中东、印度次大陆。在中国，虽分布广泛但普遍稀少。在当地为数量稀少的留鸟，较难见到；栖于林缘，听觉灵敏，稍有惊动即飞走，飞行迅速，振翅幅度小。

纵纹腹小鸮

Little Owl
Athene noctua

L23　夏候鸟　●●●●●

分类地位　鸱鸮科 Strigidae　小鸮属 *Athene*

形态特征　头部扁圆，头顶具白色纵纹，具白色颈环。眼上下各具白色斑。上体褐色，具白色纵纹及点斑。下体白色，具褐色杂斑及纵纹。肩上有2道白色或皮黄色的横斑。

分布与习性　分布于西古北界、中东、东北非、中亚至中国东北。在中国，广布于北方及西部的大多数地区。在当地，3~11月常见；部分昼行性；矮胖而好奇，常神经质地点头或转动；有时以长腿高高站起；快速振翅做波状飞行；常立于篱笆及电线上；能徘徊飞行。

日本鹰鸮

Northern Boobook
Ninox japonica

L30　夏候鸟　●●●●●

分类地位　鸱鸮科 Strigidae　鹰鸮属 *Ninox*

形态特征　外形似鹰，面庞上无明显特征，头形圆，眼大。上体深褐色，肩有白色斑。下体皮黄色，具宽阔的红褐色纵纹。臀、颏及嘴基部的点斑均白色。

分布与习性　分布于印度次大陆、东北亚、中国、东南亚等地。在当地，4~10月常见，性活跃；栖于近水的林缘、农田及灌丛；黄昏前活动于林缘地带，飞行追捕空中昆虫。

摄影：李在军

摄影：陈建中

长耳鸮

Long-eared Owl
Asio otus

L36 留鸟 ●●●●●

分类地位 鸱鸮科 Strigidae 耳鸮属 *Asio*

形态特征 具皮黄色长耳羽，脸盘橙黄色。嘴侧具白色“X”图形。上体棕黄色且具褐色纵纹，下体棕色且具黑色纵纹。

分布与习性 分布于全北界。在中国为北方的常见留鸟和季节性候鸟。在当地为留鸟，栖于阔叶林、针叶林，尤其是茂密的柳树林、刺槐林，有时一棵树上集数10只；白天隐伏，夜晚活动。

短耳鸮

Short-eared Owl
Asio flammeus

L38 夏候鸟 ●●●●●

分类地位 鸱鸮科 Strigidae 耳鸮属 *Asio*

形态特征 眼黄色，眼周黑色，脸盘显白色，耳羽短而不明显。上体黄褐色，具白色斑。下体棕褐色，具黑褐色纵纹。飞翔时，翼下白色，腕部具黑色斑，初级飞羽及尾羽黄褐色。

分布与习性 分布于全北界及南美洲。在中国为不常见的季节性候鸟。在当地，3~11月常见，繁殖于草丛、农田，可能因食物原因，雏鸟孵化时间相隔数日；觅食及迁徙时，可见于草地、沼泽地及近海地。

摄影：丁洪安

摄影：陈建中

夜鹰目

CAPRIMULGIFORMES

全世界共有5科117种。中国有2科8种。黄河三角洲有1科1种。

夜鹰科：夜行性，嘴特短小而嘴基宽并带有刚毛，头大、颈短、翼及尾长，体色多具斑纹且与周围环境极相似。当地有1种。

普通夜鹰

Indian Jungle Nightjar
Caprimulgus indicus

L28 夏候鸟 ●●●●●

分类地位 夜鹰科 Caprimulgidae 夜鹰属 *Caprimulgus*

形态特征 嘴甚短小，体色灰褐色并具黑色纵纹。具白色眉纹、长颊纹，喉具白色斑。肩羽灰白色，翼缘白色或棕色。尾具白色次端斑。飞翔时，雄鸟初级飞羽具白色斑，尾具白色次端，雌鸟斑为棕色。

分布与习性 分布于印度次大陆、中国、东南亚。在中国，繁殖于华东和华南，越冬时南迁。在当地为常见夏候鸟，体色与周围环境相近而难以被发现；白天伏于树枝上或地面休息，晚间活动；单独或成对栖于林缘、灌丛，喜开阔的森林及灌丛。

雨燕目

APODIFORMES

全世界共有2科96种。中国有2科11种。黄河三角洲有1科3种。

雨燕科：空栖性，体型小，嘴形甚小而嘴基宽，翼狭长，折翼时远超尾端。尾呈叉形或方形，尾端有的带刺。脚短而弱，极难在地面站立或休息。当地有3种。

摄影：朱英

白喉针尾雨燕

White-throated Needletail
Hirundapus caudacutus

L20 旅鸟 ●○○○○

分类地位 雨燕科 Apodidae 针尾雨燕属 *Hirundapus*

形态特征 飞翔时从腹面看，颏及喉白色，尾下覆羽白色，其余黑褐色；背面翼及尾黑色，三级飞羽具小块白色斑，体背灰褐色。平尾，尾端具细针状羽。

分布与习性 繁殖于亚洲北部、中国、喜马拉雅山脉，越冬于澳大利亚及新西兰。在当地，迁徙时经过，但由于难以观察常将其忽略；善低空飞翔和垂直飞起后又突然下降。

摄影：OBC网站

摄影：OBC网站

摄影：OBC网站

摄影：OBC网站

摄影：OBC网站

摄影：朱英

摄影：张永

摄影：独行[illegible]

普通雨燕

Common Swift
Apus apus

L21 旅鸟 ●●○○○

分类地位 雨燕科 Apodidae 雨燕属 *Apus*

形态特征 上体纯黑褐色。下体褐色，喉灰白色，胸、腹具白色细纵纹。燕尾略叉开。

分布与习性 分布于东南欧、北非、中东、中亚、喜马拉雅山脉及印度，越冬区在热带非洲。在当地，迁徙时偶见，空中飞翔时极为快速，为鸟类中飞翔最快的鸟类。

白腰雨燕

Fork-tailed Swift
Apus pacificus

L18 旅鸟 ●●●○○

分类地位 雨燕科 Apodidae 雨燕属 *Apus*

形态特征 全体黑褐色。下体喉白色，胸、腹具白色羽缘。背面腰白色。尾长、叉尾深。

分布与习性 繁殖于西伯利亚及东亚，越冬经东南亚至印度尼西亚、新几内亚及澳大利亚。在当地，迁徙时可见；长时间在空中飞翔，捕食空中的昆虫；飞行进食时做不规则的振翅和转弯。

识别要点 与小白腰雨燕的区别在于喉色较深，腰部白色马鞍形斑较窄，体型较细长，尾叉开。

摄影：李在军

佛法僧目

CORACIIFORMES

世界共有7科98种。中国有3科21种。黄河三角洲有2科4种。

翠鸟科：头大，嘴形粗大而厚尖。体色多艳丽，翼短圆而宽。当地有3种。

佛法僧科：嘴宽而壮、略下弯，颈短，翼长，尾长呈平尾或略凹，体色艳丽。当地有1种。

摄影：黄高潮

普通翠鸟

Common Kingfisher
Alcedo atthis

L15 留鸟 ●●●●●

分类地位 翠鸟科 Alcedinidae 翠鸟属 *Alcedo*

形态特征 嘴粗长，头顶绿色且具白色点斑。耳羽橘黄色，喉白色，颈侧具白色斑。体背浅蓝绿色，中间具蓝色粗带。下体栗红色。尾短，蓝绿色。

分布与习性 广泛分布于欧亚大陆、东南亚及印度尼西亚至新几内亚。在当地为常见留鸟，常栖于河流、池塘附近，转头四顾寻鱼而入水捉之；受惊扰时，近水面急速飞翔。

识别要点 以耳羽橘黄色而区别于中国分布区狭窄的蓝耳翠鸟。

摄影：丁洪安

蓝翡翠

Black-capped Kingfisher
Halcyon pileata

L30　夏候鸟　●●●●●

分类地位　翠鸟科 Alcedinidae　翡翠属 *Halcyon*

形态特征　嘴粗大而显红色。头顶黑色，具白色颈环。上体体背、飞羽及尾蓝色，翼覆羽黑色。下体喉、胸白色，腹棕色。飞翔时，初级飞羽具白色斑。

分布与习性　繁殖于中国及朝鲜，越冬于印度尼西亚。在当地为常见夏候鸟；栖于近水的树杆及电线杆，以鱼、蛙、昆虫等为食。

识别要点　与异域分布的白胸翡翠有相似处，但具白色颈环，头顶黑色。

冠鱼狗

Crested Kingfisher
Megaceryle lugubris

L41 旅鸟 ●●●○○

分类地位 翠鸟科 Alcedinidae 大鱼狗属 *Megaceryle*

形态特征 嘴黑色，嘴尖和基部角质色。冠羽发达且具点斑。脸侧及喉白色，具颊纹。上体密布白色点斑，下体胸具点状横纹。雄鸟胸沾黄褐色，胁具黑色横斑。雌鸟冠羽具大块白色斑，翼下覆羽棕黄色。

分布与习性 分布于喜马拉雅山脉及印度北部山麓地、中南半岛北部、中国的南部及东部。在当地，迁徙时可见，为不常见旅鸟；常光顾流速快、多砾石的清澈河流及溪流；飞行慢而有力且不盘飞。

摄影：陈建中

三宝鸟

Dollarbird
Eurystomus orientalis

L30　旅鸟　●●○○○

分类地位　佛法僧科 Coraciidae　三宝鸟属 *Eurystomus*

形态特征　嘴粗而显橘红色。头顶黑色，整体深绿色或蓝色，飞羽深蓝色且具白色斑，飞翔时明显。脚橘红色。

分布与习性　分布于东亚、东南亚及澳大利亚。在中国分布广泛但并不常见。在当地偶见，常栖于近林开阔地的枯树上或电线杆上，偶尔起飞追捕过往昆虫，或向下俯冲捕捉地面昆虫，飞行姿势似夜鹰，怪异、笨重，胡乱盘旋或拍打双翅。

戴胜目

UPUPIFORMES

全世界共有2科10种。中国有1科1种。黄河三角洲有1科1种。

戴胜科：嘴细长且下弯，具冠羽。当地有1种。

摄影：刘月良

摄影：刘月良

戴胜

Eurasian Hoopoe
Upupa epops

L30 留鸟 ●●●●●

分类地位 戴胜科 Upupidae　戴胜属 *Upupa*

形态特征 嘴长且下弯。冠羽棕色而端黑色，头、颈、胸棕色，腹白色。翼及尾具黑色、白色相间的条纹。

分布与习性 分布于非洲、欧亚大陆、中南半岛。在中国绝大部分地区有分布。在当地为常见留鸟，多种环境中都有发现；长长的嘴在地面翻动寻找食物；有警情时冠羽立起，起飞后松懈下来；繁殖于树洞中。

䴕形目

PICIFORMES

全世界共有6科408种。中国有3科42种。黄河三角洲有1科6种。

啄木鸟科：树栖性，嘴形强直而尖，脚两爪向前、两爪向后，尾羽坚硬，在攀援时可支撑身体。飞翔呈波浪状。当地有6种。

摄影：刘月良

蚁 䴕

Eurasian Wryneck
Jynx torquilla

L17 夏候鸟 ●●●●●

分类地位 啄木鸟科 Picidae 蚁䴕属 *Jynx*

形态特征 雌雄相似。嘴形短小，呈圆锥形。上体灰褐色，体羽斑驳杂乱，体背色重。下体白色染棕色，胁具细横纹。尾褐色且具横纹。

分布与习性 分布于非洲、欧洲、印度、东南亚、中国。在当地，3~10月常见，栖于树枝而不攀树；有人靠近时，做头部往两侧扭动的动作；通常单独活动；取食地面蚂蚁；喜灌丛。

星头啄木鸟

Grey-capped Woodpecker
Dendrocopos canicapillus

L15 留鸟 ●●●●●

分类地位 啄木鸟科 Picidae 啄木鸟属 *Dendrocopos*

形态特征 头顶灰色，脸侧白色，褐色贯眼纹（耳羽）后延至颈侧变黑色。上体黑色，体背及翼具白色点状横斑。下体棕褐色而无红色，具细纵纹。雄鸟枕侧具小红色斑，雄鸟无。

分布与习性 分布于巴基斯坦、中国至东南亚、加里曼丹岛及苏门答腊岛。在中国，分布广泛但并不常见。在当地，常见于多树的林区及园林，单独或成对活动。

识别要点 与小星头啄木鸟的区别在于脸侧白色，无白色颊纹。

小星头啄木鸟

Pygmy Woodpecker
Dendrocopos kizuki

L14 留鸟 ●●●○○

分类地位 啄木鸟科 Picidae 啄木鸟属 *Dendrocopos*

形态特征 头顶灰色，脸侧污褐色，白色颊纹经嘴基延至额，白色眉与后颈白色斑相连。上体黑色，体背及翼具白色点状横斑；下体棕褐色而无红色，具红褐色细纵纹。雄鸟枕侧具小红色斑，雌鸟无。

分布与习性 分布于中国东北部、西伯利亚东南部及朝鲜、日本与琉球群岛。在当地为不常见留鸟；单独或成对活动，栖于各种林区及园林。

识别要点 与星头啄木鸟的区别在于脸侧污褐色，具白色颊纹且延到额基。

棕腹啄木鸟

Rufous-bellied Woodpecker
Dendrocopos hyperythrus

L20 旅鸟 ●●●●●

分类地位 啄木鸟科 Picidae 啄木鸟属 *Dendrocopos*

形态特征 雄鸟：上嘴黑色，下嘴黄色，眼周白色；上体头顶红色，体背及两翼黑色，具成排的白色点；下体浓赤褐色，臀红色。雌鸟：似雄鸟，但头顶为黑色并具密白色点斑。

分布与习性 分布于喜马拉雅山脉、中国及东南亚。在当地，迁徙时常见；栖于树林，偶见于公园，喜针叶林或混交林。

雄鸟 / 摄影：丁洪安

雌鸟 / 摄影：李在军

摄影：丁洪安

大斑啄木鸟

Great Spotted Woodpecker
Dendrocopos major

L24 留鸟 ●●●●●

分类地位 啄木鸟科 Picidae 啄木鸟属 *Dendrocopos*

形态特征 雄鸟：脸侧白色沾棕色并与额相连，黑色颊纹与颈侧黑纹相连；上体头顶黑色，枕红色，体背黑色，翼黑色且具白色肩斑及多条白色横纹；下体白色，无纵纹，臀部红色。雌鸟：似雄鸟，头顶至颈背黑色，后枕不为红色。

分布与习性 分布于欧亚大陆的温带林区、印度东北部、中南半岛。在中国，分布广泛。在当地为常见留鸟，以树皮下的昆虫为食，秋、冬兼食植物；作波浪状短距离飞翔。

灰头绿啄木鸟

Grey-headed Woodpecker *Picus canus* L27 留鸟 ●●●●●

分类地位 啄木鸟科 Picidae 绿啄木鸟属 *Picus*

形态特征 雄鸟：头灰色，具黑色眼先、颊纹；头顶顶冠猩红色，枕黑色。上体绿色，下体全灰色。雌鸟：似雄鸟，顶冠灰色而无红色斑。

分布与习性 分布于欧亚大陆、印度、中国、东南亚及苏门答腊岛。在当地常见，活动于林缘，有时至地面寻食，见于多林的园林、公园及村庄附近；春、夏食昆虫，秋、冬兼食植物。

雄鸟 / 摄影：丁洪安

雄鸟 / 摄影：陈建中

雌鸟 / 摄影：李在军

雀形目

PASSERIFORMES

全世界共有100科5785种。中国有44科734种。黄河三角洲有29科153种。

体形一般较小，形态及习性多样，大多善于鸣叫。喙、翼变化甚大，腿较细短，嘴全部角质，嘴基无腊膜。足趾有4个，均于一平面上，3趾向前，1趾向后，适于树栖。

摄影：刘月良

短趾百灵

Asian Short-toed Lark
Calandrella cheleensis

L13 留鸟 ●●●●●

分类地位 百灵科 Alaudidae
短趾百灵属 *Calandrella*

百灵科 Alaudidae
» 全世界有91种。中国有14种。黄河三角洲有5种。 » 陆栖，嘴小呈圆锥状，翅宽圆，尾侧白，脚细长、后爪甚长。头部长有羽冠，鸣叫时常竖起。

形态特征 嘴较粗短，肉质色。粗眼圈与白色眉相连。白色喉与半颈环相连。胸、胁纵纹较细且沾棕色。脚肉棕色。

分布与习性 分布于古北界南部至蒙古及中国。在中国，常见于北方地区。在当地为常见留鸟，栖于干草地、农田；起飞时一起一落呈波浪状，于地面觅食，在人走近时起飞；繁殖于草地丛中。

识别要点 与大短趾百灵的区别在于嘴肉质色，较粗圆；胸部具细纵纹，并延伸到胁部。

备注 原名为［亚洲］短趾百灵。

摄影：李在军

摄影：李在军

大短趾百灵

Greater Short-toed Lark
Calandrella brachydactyla

L14 留鸟 ●●●●●

分类地位 百灵科 Alaudidae 短趾百灵属 *Calandrella*

形态特征 嘴褐色且较粗。上体具黑色纵纹，下体皮黄白色，上胸侧具细小纵纹，颈侧具黑色斑。

分布与习性 分布于古北界南部至中国及日本。在中国，常见于北方区域。在当地为常见留鸟，栖于草地、农田；地面觅食，在人走近时起飞；起飞时一起一落呈波浪状；繁殖于草地丛中。

识别要点 与短趾百灵的区别为：胸部的纵纹仅在胸侧，并在颈侧成黑色块斑；纵纹不会延至胁。

备　　注 原名为短趾百灵。

凤头百灵

Crested Lark
Galerida cristata

L18 留鸟

分类地位 百灵科 Alaudidae 凤头百灵属 *Galerida*

形态特征 嘴形长细且下弯，冠羽长而窄。上体沙褐色且具近黑色纵纹，下体浅皮黄色，胸褐色且具密黑色纵纹。

分布与习性 分布于欧洲至中东、非洲、中亚、蒙古、朝鲜及中国。在当地为常见留鸟，栖于干燥草地、农耕地；受惊起飞时，快速飞入直空，边飞边鸣唱，随即落入草丛。

摄影：陈建中

摄影：陈建中

摄影：丁洪安

摄影：陈建中

摄影：陈建中

云 雀

Eurasian Skylark
Alauda arvensis

L18 冬候鸟 ●●●●●

分类地位 百灵科 Alaudidae 云雀属 *Alauda*

形态特征 嘴形尖细，铅灰色。顶冠具黑色纵纹，有时竖起似羽冠。上体红褐色且具纵纹，下体胸具黑色纵纹。

分布与习性 繁殖从欧洲至朝鲜、日本及中国北方，越冬于北非、伊朗及印度西北部。在当地为常见越冬鸟，鸣声活泼悦耳，高空振翅飞行时鸣唱，随后急速俯冲回到地面；栖于草地、农田；正常飞行起伏不定；警惕时下蹲。

识别要点 与小云雀相似而难以被区分，嘴形稍粗，顶冠黑色纵纹稍粗且较稀疏，有细微差别。

小云雀

Oriental Skylark
Alauda gulgula

L15 冬候鸟 ●●●●●

分类地位 百灵科 Alaudidae 云雀属 *Alauda*

形态特征 嘴形尖细。顶冠具细黑色纵纹。上体红褐色且具纵纹，下体胸褐色，具黑色纵纹，胁沾褐色。

分布与习性 繁殖于古北界，越冬时南迁。在中国，常见于南方及沿海地区。在当地为常见冬候鸟；栖于草地或耕田；常集小群，警惕时下蹲。

识别要点 与云雀难以区别，细微差别在于嘴形较尖细，下体胸部褐色较重。与鹨的区别在于嘴较厚重，飞行较柔弱且姿势不同。与歌百灵的区别在于翼上无棕色且行为有所不同。与云雀及日本云雀的区别在于体型较小，飞行时白色后翼缘较小且叫声不同。

摄影：袁晓

摄影：陈建中

摄影：李在军

摄影：张永

崖沙燕 Sand Martin *Riparia riparia*

L12 夏候鸟 ●●●●●

分类地位 燕科 Hirundinidae

沙燕属 *Riparia*

形态特征 上体色纯褐色，尾呈浅叉形。下体白色，具特征性的褐色胸带。飞翔时，翼下褐黑色。

分布与习性 除澳大利亚外全世界有广泛分布，欧亚大陆的鸟越冬至东南亚及菲律宾。在当地，迁徙期常见且集群，夏季分散；栖于沼泽及河流之上，在水上疾掠而过或停栖于凸出树枝上。

> 燕科 Hirundinidae
>
> » 全世界有90种。中国有12种。黄河三角洲有5种。
>
> » 嘴短、宽而平扁，呈三角形。翼狭长，尾呈叉形。飞行轻捷快速。

家燕

Barn Swallow
Hirundo rustica

L20 夏候鸟 ●●●●●

分类地位 燕科 Hirundinidae 燕属 *Hirundo*

形态特征 喉及额基红色，胸部具黑色胸带。上体钢蓝色，下体白色。尾甚长，呈叉形，近端处具白色斑。飞翔时，翼下白色。

分布与习性 分布几乎遍及全世界，繁殖于北半球，越冬时南迁。在当地，4~10月常见；繁殖于层檐下，以泥团筑巢，巢呈杯形；在高空滑翔及盘旋，或低飞于地面或水面捕捉小昆虫。

摄影：陈建中

摄影：丁洪安

摄影：单凯

摄影：李在军

金腰燕

Red-rumped Swallow
Cecropis daurica

L18 夏候鸟 ●●●●●

分类地位 燕科 Hirundinidae 金腰燕属 *Cecropis*

形态特征 脸侧及后颈栗红色，头顶及体背深钢蓝色，腰浅栗色且具细纵纹。下体白色而多具黑色细纹，尾长而叉深。飞翔时，翼下白色。

分布与习性 繁殖于欧亚大陆及印度的部分地区，越冬于非洲、印度南部及东南亚。在当地，4~10月常见，有时与家燕混群；繁殖于屋檐、屋内、廊道等处，以泥团筑巢，巢呈袋状，口小；在高空滑翔及盘旋，或低飞于地面或水面捕捉小昆虫；降落在枯树枝、柱子及电线上。

毛脚燕 Common House Martin *Delichon urbicum*

L13 旅鸟 ●●●●●

分类地位 燕科 Hirundinidae 毛脚燕属 *Delichon*

形态特征 上体蓝黑色，后颈染白色，腰白色，尾黑色呈浅叉形。下体纯白色。脚被白色羽。飞翔时，翼下白色。

分布与习性 分布于非洲、欧亚大陆。在中国，繁殖于西北、东北，越冬于华东、东南及华南。在当地，迁徙时常见，停歇于路边电线杆上。

识别要点 与烟腹毛脚燕的区别为胸及下体白色，尾开叉深；飞翔时，翼下白色而非黑色。

摄影：朱英

摄影：朱英

烟腹毛脚燕

Asian House Martin
Delichon dasypus

L13 旅鸟 ●●●●●

分类地位 燕科 Hirundinidae 毛脚燕属 *Delichon*

形态特征 上体蓝黑色，腰白色，尾黑色而呈浅叉形。下体偏灰色，胸烟白色。脚被白色羽。飞翔时，翼下黑色。

分布与习性 繁殖于喜马拉雅山脉至日本，越冬于东南亚等地。在当地，迁徙时常见，停歇于路边电线杆上。

识别要点 与毛脚燕的区别为：胸烟白色，下体偏灰色，尾开叉小；飞翔时，翼下黑色而非白色。

山鹡鸰

Forest Wagtail
Dendronanthus indicus

L17 夏候鸟 ●●●●●

鹡鸰科 Motacillidae
» 全世界有62种。中国有20种。黄河三角洲有11种。
» 嘴细长，身体纤细，尾细长且外侧白色，有摆尾习惯，脚长。飞翔呈波浪形。

分类地位 鹡鸰科 Motacillidae

山鹡鸰属 *Dendronanthus*

形态特征 嘴上黑色、下淡色，具形长的眉纹。上体橄榄褐色，翼黑色且具2道白色斑。下体白色，胸具“丁”字形黑色斑，胸侧具弧形斑。脚肉粉色。

分布与习性 繁殖在亚洲东部，越冬于印度、中国东南部及东南亚等地。在当地，4~10月常见，繁殖筑巢于树上；单独或成对在开阔森林地面穿行；尾轻轻往两侧摆动，不似其他鹡鸰尾上下摆动；受惊时，做波状低飞仅至前方几米处停下。

摄影：李在军

摄影：仇基建

摄影：李在军

摄影：刘月良

摄影：单凯

白鹡鸰

White Wagtail
Motacilla alba

L20 留鸟 ●●●●●

分类地位 鹡鸰科 Motacillidae 鹡鸰属 *Motacilla*

形态特征 额、脸及喉白色。上体后枕延至尾黑色。下体白色，胸具黑色块。肩羽黑色，翼覆羽外缘黑色，内侧白色。脚黑色。

分布与习性 分布于非洲、欧洲及亚洲，在东亚繁殖的越冬于东南亚。在当地，为常见留鸟，栖于近水的开阔地带、稻田、溪流边及道路上；受惊扰时，飞行骤降并发出示警叫声。

黄头鹡鸰

Citrine Wagtail
Motacilla citreola

L18 旅鸟 ●●●●●

分类地位 鹡鸰科 Motacillidae　鹡鸰属 *Motacilla*

形态特征 雄鸟：头及下体艳黄色；上体颈背黑色，体背灰色，腰灰色；翼缘白色，具2道翼斑；脚黑褐色。雌鸟：脸及下体黄色，并有灰色耳羽，脸外缘具深黄色纹并延至额基；上体橄榄绿色，下体胁沾污色。

分布与习性 繁殖于中东、俄罗斯、中亚、印度、中国北方，越冬于印度及中国南方和东南亚。在当地，常见于5月和9月；常见于水边及庄稼地；成群于草地、池塘觅食昆虫；常与黄鹡鸰混群。

雄鸟／摄影：陈建中

雌鸟／摄影：李在军

夏羽 / 摄影：李在军

摄影：陈建中

冬羽 / 摄影：李在军

黄鹡鸰

Yellow Wagtail
Motacilla flava

L18 旅鸟 ●●●●●

分类地位 鹡鸰科 Motacillidae 鹡鸰属 *Motacilla*

形态特征 嘴、脚黑色；腰与体背颜色一致，为橄榄绿色或橄榄褐色；下体鲜黄色。东北亚种：头黑色，无眉纹，颏白色而喉黄色。堪察加亚种：头灰色，眉白色，喉黄色。冬羽：下体灰白色沾黄色，体背灰褐色；雄鸟臀部黄色，雌鸟及亚成鸟臀部白色。

分布与习性 繁殖于欧洲至西伯利亚及美国阿拉斯加州，越冬于印度、中国及东南亚至澳大利亚。在当地，迁徙见于4~5月和9~10月，常见于水边及庄稼地；成群于草地、池塘觅食昆虫。

备注 在当地为东北亚种、堪察加亚种。冬羽与灰鹡鸰的区别为：腰不是对比明显的黄色，脚黑色。

灰鹡鸰

Gray Wagtail
Motacilla cinerea

L19 旅鸟 ●●●●●

分类地位 鹡鸰科 Motacillidae 鹡鸰属 *Motacilla*

形态特征 冬羽：眉纹白色，喉白色；上体体背灰色而腰黄色；下体鲜黄色，臀黄色；脚肉色。夏羽：似冬羽，但喉黑色，有白色颚纹。

分布与习性 繁殖于欧洲至西伯利亚及美国阿拉斯加州，越冬于非洲、印度、东南亚及澳大利亚。在当地，4~5月和9~10月常见；喜近水的沼泽、农田或公园等生境。

识别要点 与黄鹡鸰的区别在于脚色淡，腰黄色与上体的灰对比明显且臀黄色。

摄影：付建智

摄影：丁洪安

摄影：丁洪安

摄影：李在军

摄影：陈建中

田鹨

Richard's Pipit
Anthus richardi

L18 夏候鸟 ●●●●●

分类地位 鹡鸰科 Motacillidae 鹨属 *Anthus*

形态特征 上嘴褐色，下嘴色淡，眉纹皮黄色，具极细髭纹。上体褐黄色且具纵纹。下体胸、胁棕黄色，胸具黑色纵纹。脚粉红色而长，后爪肉色甚长。

分布与习性 分布于中亚及印度、中国、蒙古至东南亚等地。在中国为季候鸟。在当地，见于5~10月；常见于开阔盐碱地或有浅草的大坝；单独或成小群活动；站在地面时姿势甚直；飞行呈波浪状，每次跌飞均发出叫声。

备　　注 又名“理氏鹨”。脚黄褐色而长，显体高，仅胸部有纵纹而胁部没有，以此区别于大多数鹨。

树鹨

Olive-backed Pipit
Anthus hodgsoni

L15 冬候鸟 ●●●●●

分类地位 鹡鸰科 Motacillidae 鹨属 *Anthus*

形态特征 眉纹白色且粗，脸侧具白色点斑。上体橄榄绿色且具纵纹。下体沾棕色，胸、胁具黑色粗纵纹。翼常具2道翼斑。

分布与习性 繁殖于喜马拉雅山脉及东亚，越冬于印度、东南亚。在当地，11月至翌年4月常见；栖于树林，尤其是村庄附近；迁徙时见于各种有树的环境；于树下觅食，受惊时飞至树上。

摄影：李在军

摄影：丁洪安

北 鹨

Pechora Pipit
Anthus gustavi

L15 旅鸟 ●●○○○

分类地位 鹡鸰科 Motacillidae 鹨属 *Anthus*

形态特征 眉黄色或白色，分不清楚。上体黑褐色，背具白色纵纹，翼具2道翼斑。下体白色，胸、胁具粗黑色纵纹。脚粉红色。

分布与习性 繁殖于东北亚及中国，越冬于东南亚等地。在中国，较罕见；繁殖于黑龙江；迁徙经山东、江苏。在当地，迁徙时可见；喜开阔的草地、沿海树林、河道两侧，有时降落在树上。

识别要点 体背褐色浓重且具2道“V”字形白色纵纹，以此区别于其他鹨。

红喉鹨 Red-throated Pipit *Anthus cervinus*

L15 旅鸟 ●●●●○

分类地位 鹡鸰科 Motacillidae 鹨属 *Anthus*

形态特征 夏羽：嘴黑色，下嘴基黄色；头、颈及前胸棕红色；上体体背黑褐色，具多道皮黄色纵纹；下体胁淡黄褐色且具纵纹，臀白色；脚肉红色。冬羽：夏羽的红色褪去，仅眉纹及脸侧沾棕红色。

分布与习性 繁殖于古北区北部，迁徙至非洲、印度北部、东南亚等地。在中国，迁徙时经北方、华东及东部沿海地区。在当地，4~5月和8~10月可见；喜湿润的稻田、农田、草地及水边草丛。

识别要点 夏羽棕红色的头、颈易识别。冬羽眉纹及脸侧沾棕红色，下嘴基黄色，可区别于其他。

摄影：陈建中

摄影：陈建中

水鹨

Water Pipit
Anthus spinoletta

L15　旅鸟　●●○○○

分类地位　鹡鸰科 Motacillidae　鹨属 *Anthus*

形态特征　夏羽：眉纹粉红色；上体头侧与体背色一致，偏灰色而少杂纹；下体体色偏粉色，无或有少量纵纹；脚黑色。冬羽：眉纹皮黄色；上体背灰色且具黑色粗纵纹，胸及两胁具浓密的黑色点斑或纵纹；脚粉红色。

分布与习性　分布于喜马拉雅山脉和中国，越冬于印度北部。在当地，5月或9月可见；喜近水的草地、农田及稻田。

黄腹鹨

Buff-bellied Pipit
Anthus rubescens

L15 旅鸟 ●●●●●

分类地位 鹡鸰科 Motacillidae 鹨属 *Anthus*

形态特征 夏羽：上体灰色且无纵纹，下体黄褐色，胸、胁具纵纹；脚淡黄色。冬羽：上体褐色浓重，胸及两胁纵纹浓密，颈侧具近黑色的块斑；脚淡黄色。

分布与习性 繁殖于古北界西部、东北亚及北美洲，越冬时南迁。在当地，迁徙时常见；喜近水的草地、稻田或芦苇丛，休息时常立于路边电线杆上。

识别要点 上体灰色且无纵纹，与水鹨相似，区别在于下体黄褐色，喉侧具黑色斑块，脚淡黄色而非深色。

冬羽 / 摄影：陈建中

夏羽 / 摄影：陈建中

摄影：李在军

雄鸟 / 摄影：单凯

雌鸟 / 摄影：丁洪安

灰山椒鸟

Ashy Minivet
Pericrocotus divaricatus

L20 旅鸟 ●●●●●

分类地位 山椒鸟科 Campephagidae
山椒鸟属 *Pericrocotus*

> 山椒鸟科 Campephagidae
> » 全世界有82种。中国有10种。黄河三角洲有1种。
> » 树栖，嘴短而基部宽，体型纤细，站姿直。脚短弱，多树栖而少在地面活动。

形态特征 雄鸟：嘴黑色，眼先黑色，额白色；顶冠与过眼纹相连，黑色；上体及腰灰色，下体白色；飞羽黑色，尾外侧白色。雌鸟：同雄鸟，体色淡，顶冠的黑色为灰色代替。

分布与习性 分布于东北亚及中国东部，越冬于东南亚及菲律宾和大巽他群岛。在当地，迁徙时常见；在树层中捕食昆虫；常集成小群。

识别要点 雌鸟与小灰山椒鸟相似，区别在于眉纹不延至眼后，眼先黑色且较粗。

白头鹎

Pycnonotus Bulbul
Pycnonotus sinensis

L19 留鸟 ●●●●●

鹎科 Pycnonotidae
» 全世界有130种。中国有22种。黄河三角洲有2种。
» 嘴略长而细、稍下弯，体常鲜丽或具明显色彩。颈短、翼短圆而尾显稍长。

分类地位 鹎科 Pycnonotidae
鹎属 *Pycnonotus*

野外特征 额至头顶黑色，两眼上方至后枕白色，形成1个白色枕环。耳羽具白色斑。上体灰褐色或橄榄灰色且具黄绿色羽缘。颏、喉白色，胸灰褐色，形成不明显的宽阔胸带。腹白色且具黄绿色纵纹。

分布与习性 分布于中国南方、越南北部及琉球群岛。在当地为常见的群栖性留鸟；栖于林缘、灌丛、公园、林园等多种环境中。

侧面／摄影：刘月良

背面／摄影：刘月良

摄影：刘月良

栗耳短脚鹎

Brown-eared Bulbul
Microscelis amaurotis

L28 候鸟 ●●○○○

分类地位 鹎科 Pycnonotidae 短脚鹎属 *Microscelis*

形态特征 整体显灰色，耳覆羽及颈侧栗色。上体顶冠及颈背灰色，两翼和尾褐灰色。下体喉灰白色，胸、胁灰色且具浅色纵纹，腹部偏白色，臀具黑色和白色横斑。

分布与习性 分布于日本、中国、菲律宾。在当地，迁徙时偶有记录；栖于森林、农耕地及林园。

太平鸟

Bohemian Waxwing
Bombycilla garrulus

L18 冬候鸟 ●●●○○

太平鸟科 Bombycillidae
» 全世界有3种。中国有2种。黄河三角洲有2种。
» 嘴宽，体羽柔软，头具冠羽，次级飞羽羽端具红色斑，体羽具艳丽色斑。

分类地位 太平鸟科 Bombycillidae
太平鸟属 *Bombycilla*

形态特征 体粉褐色，具冠羽。眼先及眉黑色并相连，喉黑色。尾端黄色，尾下覆羽栗红色。翼黑色且具2个白色斑及黄色翼线。飞翔时，翼上2个白色斑对应大覆羽及次级飞羽的羽端外侧，黄色翼缘线对应初级飞羽的羽端外侧。成鸟次级飞羽的羽端具红色点斑。

分布与习性 分布于欧亚大陆北部及北美洲西北部，越冬时南迁。在中国，越冬于东北及中北部。在当地，11月至翌年3月不定期越冬；成群出现在公园、居住小区及果园、林缘；喜食蔷薇果及其他浆果。

识别要点 与小太平鸟的区别在于尾端黄色；黑色眉纹未延至后颈；翼具2个白色斑及黄色翼线。

摄影：王东

摄影：仇基建

摄影：刘月良

摄影：孙劲松

摄影：袁晓

摄影：李在军

小太平鸟

Japanese Waxwing
Bombycilla japonica

L16 冬候鸟 ●●●○○

分类地位 太平鸟科 Bombycillidae 太平鸟属 *Bombycilla*

形态特征 体粉褐色，具冠羽。眼先及眉黑色并延至后颈，喉黑色。尾端红色，臀绯红色。翼黑色而羽尖绯红色，无白色斑及黄色翼线。

分布与习性 分布于西伯利亚东部及中国东北部，越冬于日本及琉球群岛。在当地，11月至翌年3月不定期越冬。夹杂于太平鸟间，数量少。

识别要点 与太平鸟的区别在于尾端红色，黑色眉纹延至后颈，翼无白色斑及黄色翼线而羽尖绯红色。

虎纹伯劳

Tiger Shrike
Lanius tigrinus

L19 夏候鸟 ●●●●●

分类地位 伯劳科 Laniidae

伯劳属 *Lanius*

> 伯劳科 Laniidae
> » 全世界有31种。中国有12种。黄河三角洲有5种。
> » 嘴形粗，尖端带钩，有齿凸。头较粗大且圆，有黑色贯眼纹。脚强健，爪带钩。

形态特征 雄鸟：额黑色并与贯眼纹相连；头、颈灰色，体背及翼棕色且具黑色鳞纹；下体白色。雌鸟：似雄鸟，但贯眼纹于眼先模糊；胁密布褐色横纹，腹中央白色。亚成鸟：头顶密布黑色鳞纹；下体皮黄色，胸、胁具黑色横纹。

分布与习性 分布于东亚、中国及日本，越冬时南迁至马来半岛、大巽他群岛。在中国，繁殖于吉林、河北至华中及华东，冬季南迁。在当地，4~10月常见；喜在多林地带及果园，多藏身于林中，通常在林缘凸出树枝上捕食昆虫。

摄影：刘月良

摄影：刘月良

摄影：丁洪安

雌鸟 / 摄影：付建智

牛头伯劳

Bull-headed Shrike
Lanius bucephalus

L19 夏候鸟 ●●●●●

分类地位 伯劳科 Laniidae 伯劳属 *Lanius*

形态特征 雄鸟：眉纹细弱；头、颈栗色；肩羽、腰灰色，翼黑褐色且具白色斑，胁棕色。雌鸟：贯眼纹棕色且于眼先模糊，胸、胁密布细褐色鳞斑且胁棕色较重。

分布与习性 分布于东北亚及中国东部。在中国，繁殖于东北至河北、山东，越冬于华南、华东及台湾。在当地，4~10月常见；喜次生植被及耕地、果园，通常在林缘凸出树枝上捕食昆虫。

识别要点 棕色的头顶及后颈与灰色体背和尾对比明显，可区别于其他。

红尾伯劳

Brown Shrike
Lanius cristatus

L20 夏候鸟 ●●●●●

分类地位 伯劳科 Laniidae 伯劳属 *Lanius*

形态特征 雄鸟：眉纹延至额基；上体纯褐色，下体皮黄色；翼具棕色羽缘；尾红褐色且呈楔形。雌鸟：似雄鸟，但眉纹仅至眼部；下体胸、胁具鳞斑；腹中央白色。

分布与习性 繁殖于东亚，越冬于印度、东南亚等地。在当地，4~10月常见；喜开阔耕地及次生林、庭院、果园等；单独栖于灌丛、水边芦苇、电线及小树上；捕食飞行中的昆虫或猛扑地面上的昆虫和小动物。

识别要点 尾红褐色且呈楔形，雄鸟翼黑色但无白色斑，可区别于其他雄伯劳。

雄鸟／摄影：刘月良

雌鸟／摄影：刘月良

棕背伯劳

Long-tailed Shrike
Lanius schach

L25 留鸟 ●●●●●

分类地位 伯劳科 Laniidae 伯劳属 *Lanius*

形态特征 黑额与贯眼纹相连，肩羽棕色。胁、臀及腰棕色。翼黑色且具白色斑，尾黑色而长。

分布与习性 分布于伊朗至中国、印度、东南亚等地。在当地为留鸟，但迁徙期更常见；喜草地、灌丛、果园及其他开阔地；立于低树枝上，猛然飞出捕食飞行中的昆虫，常猛扑地面的蝗虫等。

灰伯劳

Great Gray Shrike *Lanius excubitor*

L24 冬候鸟 ●○○○○

分类地位 伯劳科 Laniidae 伯劳属 *Lanius*

形态特征 雄鸟：具白色眉及黑色贯眼纹；上体灰色，腰白色，肩部具白色细纹，翼黑色且具1个小白色斑；下体白色；尾黑色而外缘白色，平尾。雌鸟：色淡，下体具皮黄色鳞状斑纹。

分布与习性 分布于欧亚大陆北部。在中国为不常见季候鸟，见于北方。在当地越冬但极少见到；栖于开阔的有林原野，从树上凸出的主干或从电线上捕食；有时停在空中振翼；常把猎物钉在树刺上。

识别要点 与楔尾伯劳的区别在于翼斑小且仅1个；腰白色（有的也为灰色）；尾为平尾。

摄影：OBC网站

摄影：OBC网站

摄影：OBC网站

摄影：刘月良

摄影：付建智

楔尾伯劳

Chinese Gray Shrike
Lanius sphenocercus

L31 冬候鸟 ●●●●●

分类地位 伯劳科 Laniidae 伯劳属 *Lanius*

形态特征 上体及腰灰色，肩部具白色细纹。翼黑色且具2个白色斑。尾黑色而外缘白色，呈楔形。飞翔时，白色翼斑与肩羽相连，有振翼悬停动作。雌鸟胁具不明显横斑。

分布与习性 分布于中亚、西伯利亚东南部至朝鲜及中国北部和华东。在当地，10月至翌年4月越冬；觅食时，悬停空中振翼；休息时，停歇于开阔地的相对较高的树干、灌丛或电线上。

识别要点 与灰伯劳的区别在于翼斑大，飞翔时更明显；腰灰色；尾为楔形。

黑枕黄鹂

Black-naped Oriole
Oriolus chinensis

L26 夏候鸟 ●●●●●

分类地位 黄鹂科 Oriolidae
黄鹂属 *Oriolus*

> **黄鹂科 Oriolidae**
> » 全世界有29种。中国有6种。黄河三角洲有2种。
> » 体型稍大，体色亮丽，嘴粗长而稍下弯，翅长而尾短，跗趾短弱。

形态特征 雄鸟：嘴粉红色而粗；自眼先经眉至后枕黑色；全身黄色，飞羽黑色，尾基及中央黑色。雌鸟：似雄鸟，色较暗淡，背橄榄黄色。亚成鸟：似雄鸟，头部黑色不明显；下体白色且具黑色细纵纹；腹下黄色。

分布与习性 分布于印度、中国、东南亚等地。在当地，见于3~10月；栖息活动于多树的村庄、公园等多种环境中；成对或以家族群活动；常留在树上但有时下至低处捕食昆虫；飞行呈波浪状，振翼幅度大，缓慢而有力。

摄影：刘月良

摄影：李在军

摄影：丁洪安

朱鹂

Maroon Oriole
Oriolus traillii

L26 迷鸟 ●○○○○

分类地位 黄鹂科 Oriolidae 黄鹂属 *Oriolus*

形态特征 雄鸟：头、上胸及翼黑色，其余绛紫红色。雌鸟：似雄鸟，腹部及下胸白色且密布黑色纵纹。

分布与习性 分布于喜马拉雅山脉至中国的西南部、中国台湾、海南岛及中南半岛。在当地，2009年10月偶有1次亚成鸟记录，出现原因不详，疑为笼养鸟逃逸；栖于树丛。

黑卷尾

Black Drongo
Dicrurus macrocercus

L30 夏候鸟 ●●●●●

分类地位 卷尾科 Dicruridae
卷尾属 *Dicrurus*

> 卷尾科 Dicruridae
> » 全世界有23种。中国有7种。黄河三角洲有3种。
> » 体羽黑色或灰色，嘴形强健，嘴峰稍下弯，尾长而呈叉状，有的尾上卷。

形态特征 成鸟：全身蓝黑色且带辉光；嘴小，眼红色，尾长而呈深叉状，尾端上卷。亚成鸟：似成鸟，体下各羽具淡色羽缘，腹下具近白色横纹。

分布与习性 分布于伊朗、印度、中国及东南亚等地。在当地，4~10月常见；喜林缘、果园及村庄附近，栖于枯枝、树冠或电线杆上；捕食时，从栖处直接降至地面，随后向高处直飞，呈“U”形飞行；在空中飞翔时，忽左忽右飘忽不定。

识别要点 与发冠卷尾的区别在于胸无白色点斑；上体色无明显对比。

摄影：孙传保

摄影：单凯

摄影：陈建中

摄影：陈建中

灰卷尾

Ashy Drongo
Dicrurus leucophaeus

L28　旅鸟　●●●○○

分类地位　卷尾科 Dicruridae　卷尾属 *Dicrurus*

形态特征　全身鼠灰色，下体色稍淡。脸颊白色，尾呈深叉状。幼鸟脸颊灰白色不明显，整体显灰色。

分布与习性　分布于阿富汗至中国及东南亚等地。在当地，4~5月和9~10月可见，数量较少；成对活动，立于林间空地的裸露树枝上，捕食过往昆虫，攀高捕捉飞蛾或俯冲捕捉飞行中的猎物。

发冠卷尾

Hair-crested Drongo
Dicrurus hottentottus

L32 夏候鸟 ●●●●○

分类地位 卷尾科 Dicruridae 卷尾属 *Dicrurus*

形态特征 全身蓝黑色且带辉光。嘴下弯而厚重。前额且具细长的丝状羽。头顶及胸具白色点斑。上体体背的黑色比翼绿色深。尾长且略分叉，尾端上卷明显。

分布与习性 分布于印度、中国至东南亚及大巽他群岛。在当地，4~10月常见；喜森林开阔处，有时（尤其是晨昏时）聚集一起鸣唱并在空中捕捉昆虫，甚吵嚷；从低栖处捕食昆虫。

识别要点 前额的丝状羽有时不易被观察到，但胸具明显白色点斑，嘴形更下弯，可区别于黑卷尾。

摄影：付建智

八哥

Crested Myna
Acridotheres cristatellus

L26 旅鸟 ●●○○○

分类地位 椋鸟科 Sturnidae
八哥属 *Acridotheres*

形态特征 全身黑色。嘴黄色，嘴基具短羽簇。臀部具白色横纹。翼具白色斑，飞翔时明显。

分布与习性 分布于中国及中南半岛。在中国为留鸟，且多见于南方。在当地，11月、3月、5月有多次记录；单只或小群栖于树林、公园，常立于树冠高处。

> 椋鸟科 Sturnidae
> » 全世界有114种。中国有21种。黄河三角洲有5种。
> » 嘴形长直，体型适中，脚长而强健，善地面行走。善鸣叫及模仿其他鸟类鸣叫。

北椋鸟

Daurian Starling
Sturnia sturnina

L18　旅鸟　●●○○○

分类地位　椋鸟科 Sturnidae　北椋鸟属 *Sturnia*

形态特征　嘴黑色。头、颈及下体灰色，后枕具黑色斑。体背、翼、尾黑色，翼具棕色或白色翼斑，腰棕黄色。脚铅绿色。

分布与习性　繁殖于从外贝加尔至中国东北，越冬于东南亚。在当地，4月、10月偶见；栖于公园树林，觅食于地面。

摄影：丁洪安

摄影：丁洪安

丝光椋鸟

Silky Starling
Sturnus sericeus

L24 旅鸟 ●●○○○

分类地位 椋鸟科 Sturnidae 椋鸟属 *Sturnus*

形态特征 雄鸟：嘴红色而尖黑色；脸侧皮黄色，喉白色，具紫色颈环；上体体背紫色，腰灰色，翼黑色且具白色肩羽及翼斑；下体胸及上腹紫灰色，下腹及尾下白色；脚红色。雌鸟：嘴红色而尖黑色；喉白色；头淡黄色；上体灰褐色，下体淡灰色，翼黑色且具小翼斑；脚红色。

分布与习性 分布于中国、越南、菲律宾。在中国为留鸟，分布于华南及东南大部分地区。在当地，迁徙期不定期出现，与灰椋鸟混群；栖于公园及树林。

灰椋鸟

White-cheeked Starling
Sturnus cineraceus

L24 留鸟 ●●●●●

分类地位 椋鸟科 Sturnidae 椋鸟属 *Sturnus*

形态特征 嘴黄色而尖黑色。头、颈黑色，脸侧具白色丝状斑。上体灰褐色，腰白色。翼黑色，次级飞羽具狭窄白色纹。尾端外侧白色。下体胸以下灰白色，臀白色。雌鸟体色暗淡，下体色黑色较重。

分布与习性 分布于西伯利亚及中国、日本、越南、缅甸、菲律宾。在当地为常见留鸟；群栖，生活于居民区、城区周围及农田；取食城市垃圾、植物浆果等。

摄影：刘月良

紫翅椋鸟

Common Starling
Sturnus vulgaris

L21 旅鸟 ●●○○○

分类地位 椋鸟科 Sturnidae 椋鸟属 *Sturnus*

形态特征 夏羽：嘴黄绿色，全体黑色且具紫色光泽；体背及翼具棕红色羽缘，胁及尾下具白色点斑。冬羽：同夏羽，但嘴铅黑色；体背及颈、胸密布白色点斑；腹具锈色“V”字形斑纵纹。

分布与习性 分布于欧亚大陆。在中国常见于西部。在当地，不定期出现，有时集成上百只的大群；栖于开阔地取食，停歇于电线杆上。

灰喜鹊

Azure-winged Magpie
Cyanopica cyanus

L35 留鸟 ●●●●●

分类地位 鸦科 Corvidae
灰喜鹊属 *Cyanopica*

形态特征 顶冠、耳羽及后枕黑色。两翼天蓝色且具白色斑。尾长，呈蓝色，尾端白色。喉白色。下体灰色沾葡萄棕色。

分布与习性 分布于东北亚及中国、日本等地。在中国，广泛分布于华东及东北。在当地为常见留鸟；结群栖于阔叶林；飞行时，振翼快，做长距离的无声滑翔；在树上、地面及树干上取食，食物为果实、昆虫及动物尸体。

> 鸦科 Corvidae
> » 全世界有117种。中国有29种。黄河三角洲有8种。
> » 体型大。嘴粗壮，几与头等长。有的尾形长。

摄影：丁洪安

红嘴蓝鹊

Red-billed Blue Magpie
Urocissa erythrorhyncha

L68 旅鸟 ●●○○○

分类地位 鸦科 Corvidae 蓝鹊属 *Urocissa*

形态特征 嘴红色。头黑色而顶冠白色。上体蓝色，楔形尾特长且端白色。下体胸以下白色。

分布与习性 分布于喜马拉雅山脉、印度东北部至中国、缅甸及中南半岛。在当地，不定期偶尔出现，停歇于路边电线杆及树冠上。

喜鹊

Common Magpie
Pica pica

L45 留鸟 ●●●●●

分类地位 鸦科 Corvidae 鹊属 *Pica*

形态特征 除肩部及腹部白色外，其余体色黑色。翼及尾黑色并具蓝色辉光，尾甚长。

分布与习性 分布于欧亚大陆、北非、加拿大西部及美国加利福尼亚州西部。在中国，分布广泛而常见。在当地为常见留鸟；栖息于多种环境中，特别是人类居住区周围；适应性强，杂食。

摄影：单凯

摄影：刘月良

摄影：陈建中

达乌里寒鸦

Daurian Jackdaw
Corvus dauuricus

L32 旅鸟 ●●○○○

分类地位 鸦科 Corvidae 鸦属 *Corvus*

形态特征 成鸟：除后颈、胸、腹白色外，其余体色黑色；嘴形短，黑色；耳羽具丝状白色纹。幼鸟：体羽全黑色，耳羽具银色细纹；嘴形短，眼深褐色。

分布与习性 分布于俄罗斯东部、西伯利亚、西藏高原东部边缘及中国中部、东北、华东。在当地，迁徙期不定期出现；集小群停歇于路边电线杆及树冠上，觅食于地面。

秃鼻乌鸦

Rook
Corvus frugilegus

L47 旅鸟 ●●○○○

分类地位 鸦科 Corvidae 鸦属 *Corvus*

形态特征 全体黑色。嘴形长直，嘴尖细，嘴基裸露皮肤浅灰白色。飞行时，尾端楔形，两翼较长窄，翼尖“手指”显著，头显凸出。

分布与习性 分布于欧洲至中东及东亚。在中国曾常见，现数量已大为下降。在当地，不定期出现，取食于田野及矮草地。

摄影：丁洪安

摄影：陈建中

摄影：陈建中

摄影：陈建中

小嘴乌鸦

Carrion Crow
Corvus corone

L50 旅鸟 ●●○○○

分类地位 鸦科 Corvidae 鸦属 *Corvus*

形态特征 全体黑色。嘴形细，上嘴缘较直。前额较平缓。

分布与习性 分布于欧亚大陆、非洲东北部及日本。在中国，繁殖于华中及华北，有些越冬于华南及东南。在当地，不定期出现；常单独活动；停歇于路边电线杆及树冠上，到地面觅食。

识别要点 与其他黑色型乌鸦的区别在于嘴形细，上嘴缘较直。

大嘴乌鸦

Large-billed Crow
Corvus macrorhynchos

L50 旅鸟 ●●○○○

分类地位 鸦科 Corvidae 鸦属 *Corvus*

形态特征 全体黑色，带光泽。嘴形粗大，上嘴峰呈圆弧形，前额较凸，头形显方。正面观时，上嘴与额几乎垂直。飞翔时，尾展开后为楔形尾。

分布与习性 分布于伊朗至中国、东南亚等地。在中国，除西北部外，在大部地区为常见留鸟。在当地，不定期出现，尤其是冬季及迁徙季节，多单只或成对出现；停歇于路边电线杆上，到地面觅食。

识别要点 与其他黑色型鸦的区别在于嘴形粗大，上嘴峰呈圆弧形。

摄影：陈建中

摄影：刘庆堂

摄影：陈建中

白颈鸦

Collared Crow
Corvus pectoralis

L54 旅鸟 ●●○○○

分类地位 鸦科 Corvidae 鸦属 *Corvus*

形态特征 除颈背及胸白色外，其余体色深黑色。嘴形粗长。

分布与习性 分布于中国华中、华南、东南和越南北部。在当地，不定期出现；停歇于路边电线杆及树冠上；栖于耕地、农田及村庄附近。

识别要点 与达乌里寒鸦的区别在于体型大，嘴粗大，下体的白色区域仅在颈背及胸。

鹪　鹩

Eurasian Wren
Troglodytes troglodytes

L10　留鸟　●●●●●

分类地位　鹪鹩科 Troglodytidae
鹪鹩属 *Troglodytes*

形态特征　嘴细，尾上翘。全身深黄褐色且具狭窄黑色横斑，皮黄色眉纹模糊。腹部有时显白色。

分布与习性　分布于全北界的南部至非洲西北部及中国、日本等地。在当地为常见留鸟；喜有林地而常于地面活动；多单独活动；性活泼，尾不停地轻弹而上翘；飞行低，仅振翅做短距离飞行。

鹪鹩科 Troglodytidae

» 全世界有79种。中国有1种。黄河三角洲有1种。
» 体型小。嘴细长。翼短圆。尾羽短而长、上翘。

摄影：胡玉花

摄影：丁洪安

摄影：陈建中

摄影：张代富

摄影：张代富

摄影：张代富

领岩鹨

Alpine Accentor
Prunella collaris

L17 旅鸟 ●○○○○

岩鹨科 Prunellidae
» 全世界有13种。中国有9种。黄河三角洲有2种。 » 嘴形尖细，嘴基向两侧膨大。翼较圆，尾短而稍凹。跗趾强健。

分类地位 岩鹨科 Prunellidae

岩鹨属 *Prunella*

形态特征 嘴黑色而下嘴基黄色。头、颈及胸灰色，喉具黑色点横斑。上体暗红色且具纵纹，腰红色。下体两胁浓栗色且具纵纹。大覆羽黑色，具2道点状翼斑。

分布与习性 分布于古北界、喜马拉雅山脉和中国北部、西部及台湾岛。在当地为不常见旅鸟；多单独或成对活动；飞行快速、流畅、呈波状起伏。

棕眉山岩鹨

Siberian Accentor
Prunella montanella

L15 冬候鸟 ●●○○○

分类地位 岩鹨科 Prunellidae 岩鹨属 *Prunella*

形态特征 头部、喉及眉棕黄色，头顶及头侧近黑色。上体红褐色，下体赭黄色，肋具栗红色纵纹。

分布与习性 繁殖于俄罗斯及西伯利亚、朝鲜至日本。在中国，于北方及东北越冬。在当地，11月至翌年3月越冬；隐藏于树林及灌丛的林下植被；休息时，立于电线杆上；经常一边觅食一边发出叫声。

摄影：李在军

摄影：陈建中

摄影：李在军

摄影：李在军

红尾歌鸲

Rufous-tailed Robin
Luscinia sibilans

L13 旅鸟 ●●●○○

分类地位 鸫科 Turdidae
歌鸲属 *Luscinia*

形态特征 没有鲜丽体色或斑纹。眉淡褐色且模糊、不明显。上体橄榄褐色，尾棕色。下体喉污色，胸具橄榄色扇贝形纹，腹下白色。脚粉褐色。

分布与习性 分布于东北亚，越冬于中国南方。在当地3~5月和8~11月可见；占域性甚强，常栖息于森林中茂密多阴的地面或低矮植被覆盖处；尾颤动有力。

> 鸫科 Turdidae
> » 全世界有335种。中国有94种。黄河三角洲有25种。
> » 鸲类：体型从小至中等。头圆，嘴细长而尖。脚长，显体高。具间歇性翘尾习性。当地有10种。
> » 鸫类：体型较大，显粗壮。嘴较短直，呈锥形。脚强壮。当地有15种。

红喉歌鸲

Siberian Rubythroat
Luscinia calliope

L16 旅鸟 ●●●●●

分类地位 鸫科 Turdidae 歌鸲属 *Luscinia*

形态特征 雄鸟：具醒目的白色眉纹和颊纹，眼先黑色，喉红色；上体纯褐色，下体胸、胁褐色，腹白色。雌鸟：似雄鸟，但无红色喉块，整体显褐色；胸、胁褐色，腹白色。

分布与习性 繁殖于东北亚，越冬于印度、中国南方及东南亚。在当地，常见于5月和9~10月；栖息于森林密丛及次生植被中，常在近水处及沿海活动。

雄鸟 / 摄影：刘月良

摄影：仇基建

雄鸟 / 摄影：朱英

蓝喉歌鸲

Bluethroat
Luscinia svecica

L14 旅鸟 ●●●●●

分类地位 鸫科 Turdidae 歌鸲属 *Luscinia*

形态特征 雄鸟：喉蓝色且具栗色斑块，外缘黑色，下接栗色胸带，眉白色；上体灰褐色，下体两肋褐色，腹白色；尾基红色而端黑色，中央尾羽黑色。雌鸟：喉白色，无像雄鸟一样的斑块，黑色的细颊纹与由黑色点斑组成的胸带相连，眉白色染黄色；上体灰褐色，下体白色，尾深褐色。

分布与习性 分布于古北界和美国阿拉斯加州，越冬于印度、中国及东南亚。在当地，3~5月和8~11月常见；栖息于近水的芦苇丛中；多取食于地面；走似跳，不时地停下来抬头及闪尾；站势直；飞行快速，径直躲入隐蔽处下。

蓝歌鸲

Siberian Blue Robin
Luscinia cyane

L14 旅鸟 ●●●●●

分类地位 鸫科 Turdidae 歌鸲属 *Luscinia*

形态特征 雄鸟：眼先黑色，黑色线由颊纹延至胸侧；上体青石蓝色，下体白色。雌鸟：上体橄榄褐色，有时沾蓝色；下体喉及胸褐色并具皮黄色鳞状斑纹，腰及尾上覆羽沾蓝色。

分布与习性 繁殖于东北亚，越冬于印度、中国南方及东南亚。在当地，3~5月和8~11月常见；栖息于密林的地面或近地面处。

识别要点 雌鸟与淡褐色的鸲类易混，蓝色腰为其典型特征。

雄鸟 / 摄影：丁洪安

雌鸟 / 摄影：孙劲松

雄鸟／摄影：丁洪安

雌鸟／摄影：李在军

红胁蓝尾鸲

Red-flanked Bush Robin
Tarsiger cyanurus

L15 旅鸟 ●●●●●

分类地位 鹟科 Turdidae 鸲属 *Tarsiger*

形态特征 雄鸟：喉白色，眉纹白色；上体及尾蓝色；下体白色，两胁橘黄色。雌鸟：喉白色，眼先皮黄色或不显；上体褐色而尾蓝色；下体白色，两胁橘黄色。

分布与习性 繁殖于亚洲东北部及喜马拉雅山脉，越冬于中国南方及东南亚。在当地，3~5月和8~11月常见；栖息于灌丛、次生林；休息时，立于林下低处；觅食于地面；尾部不停地上下颤动。

赭红尾鸲

Black Redstart
Phoenicurus ochruros

L15 旅鸟 ●●○○○

分类地位 鸫科 Turdidae 红尾鸲属 *Phoenicurus*

形态特征 雄鸟：头、喉、上胸、背、两翼及中央尾羽黑色；头顶及枕部灰色；下胸、腹部、尾下覆羽、腰及外侧尾羽棕色。雌鸟：眼圈淡皮黄色，耳羽皮黄色；上体偏褐色，下体淡棕色，尾红棕色，中央尾羽黑色，脚黑色；翅无白色翼斑。

分布与习性 分布于古北界，越冬于非洲东北部及中国东南部。在当地为不定期出现的旅鸟，11月、3月可见；栖于村庄、树林及农田；常点头并颤尾或急促跳动并高挺站立。

识别要点 与北红尾鸲相似，区别在于翅无白色翼斑。

摄影：袁晓

雄鸟／摄影：刘月良

雌鸟／摄影：丁洪安

北红尾鸲

Daurian Redstart
Phoenicurus auroreus

L15 旅鸟 ●●●●●

分类地位 鸫科 Turdidae 红尾鸲属 *Phoenicurus*

形态特征 雄鸟：头顶及颈背灰色而具银色边缘，脸及喉黑色；上体腰及尾侧红色；下体胸以下栗红色；翅具大白色斑。雌鸟：具白色眼圈；上体偏褐色，腰及尾侧红色；下体白色染褐色，尾下覆羽红色；翅具大白色斑。

分布与习性 在东北亚及中国为留鸟，迁徙时至日本和中国南方及缅甸等地。在当地为旅鸟，3~5月和9~11月常见；栖息于矮树丛、灌丛、草地、耕地，喜近水处；停栖时，尾颤动不停。

红腹红尾鸲

White-winged Redstar
Phoenicurus erythrogastus

L18 旅鸟 ●●○○○

分类地位 鸫科 Turdidae 红尾鸲属 *Phoenicurus*

形态特征 雄鸟：眼先、喉、胸及背、翅黑色，翼具大白色斑；上体头顶及颈背灰白色，尾羽栗色；下体腹以下红色。雌鸟：下体淡棕色，褐色的中央尾羽与棕色尾羽对比不强烈；翼上无白色斑。

分布与习性 分布于中亚、土耳其、喜马拉雅山脉、中国西北和中部及青藏高原等地。在当地为不多见的旅鸟，可见于10~11月及3月，是否越冬需要继续观察；在高空翱翔，两翼常颤抖；雄鸟多见。

识别要点 与其他红尾鸲属的区别在于体型较大，雌鸟翼上无白色斑，雄鸟翼斑大、头顶白色。

雄鸟／摄影：丁洪安

雄鸟 / 摄影：丁洪安

雄鸟 / 摄影：陈建中

雌鸟 / 摄影：陈建中

雌鸟 / 摄影：陈建中

红尾水鸲

Plumbeous Water Redstart
Rhyacornis fuliginosa

L14 旅鸟 ●●○○○

分类地位 鸫科 Turdidae 水鸲属 *Rhyacornis*

形态特征 雄鸟：整体深青石蓝色而无斑纹；腰、臀及尾栗褐色。雌鸟：上体灰色，眼圈色浅；下体白色，但因布满灰色鳞状斑纹而显灰色；腰白色，尾基白色而端黑色，外侧白色。

分布与习性 分布于巴基斯坦、喜马拉雅山脉至中国、中南半岛北部。在当地，2~6月可见；数量较少，常单独或成对出现，尾常摆动；炫耀时，停在空中振翼，尾扇开，做螺旋形飞回栖处。

黑喉石䳭

Common Stonechat
Saxicola torquata

L14　旅鸟　●●●●●

分类地位　鸫科 Turdidae　石䳭属 *Saxicola*

形态特征　雄鸟：头及喉黑色，颈侧具白色斑；上体体背黑色，腰白色，尾黑色；下体胸粉红色，腹以下白色；翼黑色，内侧具白色斑。雌鸟：头无黑色，喉白色，白色眉模糊；上体体背褐色染黑色，腰棕色，尾黑色；下体胸、胁黄褐色，腹中央白色；翼褐色，内侧有时具白色斑。

分布与习性　繁殖于古北界、东南亚，越冬于非洲和中国南方、印度及东南亚。在当地，3~5月和8~11月常可见；栖息于芦苇、农田、灌丛及高草丛；常立于高处，跃下地面捕食猎物。

雄鸟 / 摄影：刘月良

雌鸟 / 摄影：刘月良

雄鸟 / 摄影：陈建中

雌鸟 / 摄影：付建智

白喉矶鸫

White-throated Rock Thrush
Monticola gularis

L19 旅鸟 ●●●●●

分类地位 鸫科 Turdidae 矶鸫属 *Monticola*

形态特征 雄鸟：头顶、颈背蓝色，眼先、颊部及下体栗色，耳羽至后背黑色，喉白色；翅灰色且具蓝色肩羽及白色翼斑；腰栗色，尾羽黑色而外侧蓝色。雌鸟：喉白色；全体黄褐色，具黑色扇贝形斑纹。

分布与习性 繁殖于古北界的东北部，越冬于中国南方及东南亚。在当地，常见于4月和9~10月；栖息于混合林、针叶林或多草的多岩地区；常长时间静立不动；冬季结群。

蓝矶鸫

Blue Rock Thrush
Monticola solitarius

L23 旅鸟 ●●●●○

分类地位 鸫科 Turdidae 矶鸫属 *Monticola*

形态特征 雄鸟：有两种色型亚种；华北亚种——头、胸及上体蓝色，腹部及尾下深栗色，尾上覆羽及尾羽蓝色；华南亚种——全身蓝色，翅黑色，尾上覆羽及尾羽蓝色。雌鸟：上体灰色沾蓝色，下体皮黄色且密布黑色鳞状斑纹。亚成鸟：似成鸟，体多具黑色、白色鳞状斑纹。

分布与习性 分布于欧亚大陆、中国、东南亚等地。在当地，5月和9月常见，多是单只或4~5只小群；常栖于高处如房屋或线杆上，发现昆虫后冲向地面捕捉。

备　　注 当地常见的为华北亚种。

雄鸟 / 摄影：刘庆堂

雌鸟 / 摄影：付建智

紫啸鸫

Blue Whistling Thrush
Myophonus caeruleus

L32 旅鸟 ●○○○○

分类地位 鸫科 Turdidae 啸鸫属 *Myophonus*

形态特征 通体蓝黑色，头、颈及胸具白色点斑，翼具细点斑。眼红褐色，嘴黑色或黄色，脚黑色。

分布与习性 分布于土耳其至印度、中国、东南亚、马来半岛等地。在当地，6月和9月偶见，数量较少；栖息于河流、密林中的高处，在地面取食；受惊时，慌忙逃至隐蔽物下并发出尖厉的警叫声。

识别要点 与台湾紫啸鸫的区别在于头、颈及胸具白色点斑。

虎斑地鸫

Golden Mountain Thrush
Zoothera dauma

L28 旅鸟 ●●●●●

分类地位 鸫科 Turdidae 地鸫属 *Zoothera*

形态特征 除翼、尾外，全身布满粗大而细密的褐色月牙形鳞状斑纹。上体褐色，下体白色，胸沾棕色，臀白色。飞翔时，翼下具2道白色带。

分布与习性 分布于欧洲及印度至中国、东南亚等地。在当地，于3~5月和9~11月常见，多单独或呈小群活动；栖息于林下灌丛、草地，常在地面奔走觅食。

摄影：丁洪安

摄影：祝芳振

白眉地鸫

Siberian Thrush
Zoothera sibirica

L23　旅鸟　●○○○○

分类地位　鸫科 Turdidae　地鸫属 *Zoothera*

形态特征　雄鸟：眉纹白色而粗，全体石板灰黑色，下腹及尾下覆羽具白色斑；华南亚种下腹及尾下覆羽具不明显白色斑；指名亚种腹中央及尾下覆羽白色；飞翔时，翼下具2条白色翼带；嘴黑色，脚黄色。雌鸟：眉纹及喉白色沾污色，眉纹显散，脸颊有散状细纹；上体橄榄褐色，下体白色且具鳞纹，胸沾棕色。

分布与习性　繁殖于亚洲北部，越冬经东南亚。在当地，迁徙时偶见，多单只或3~5只小群；性活泼，栖息于森林地面及树间，在地面觅食。

灰背鸫

Grey-backed Thrush
Turdus hortulorum

L24 旅鸟 ●●●●○

分类地位 鸫科 Turdidae 鸫属 *Turdus*

形态特征 雄鸟：喉、胸及上体灰色，下体两胁红色，腹中央及尾下覆羽白色；嘴黄色，脚肉色；飞翔时，翼下红色。雌鸟：似雄鸟，但上体较褐色，喉及胸白色且具黑色点斑。

分布与习性 繁殖于西伯利亚东部及中国东北，越冬于中国南方。在当地，4~5月和9~10月常见；在林地及公园的落叶间觅食；受惊吓时，急飞并停歇于近处的树枝上。

摄影：李在军

摄影：付建智

乌灰鸫

Grey Thrush
Turdus cardis

L21 旅鸟 ●●●○○

分类地位 鸫科 Turdidae 鸫属 *Turdus*

形态特征 雄鸟：上体纯黑灰色，头及上胸黑色，下体余部白色，腹部及两胁具黑色点斑。雌鸟：上体灰褐色，下体白色，上胸具偏灰色的横斑，胸侧及两胁沾赤褐色，胸及两侧具黑色点斑。幼鸟：褐色较浓，下体多赤褐色。

分布与习性 繁殖于日本及中国东部，越冬于中国南方及中南半岛北部。在当地，迁徙时可见；栖于落叶林中，藏身于稠密植物丛及林中；甚羞怯，一般独处，但迁徙时结小群。

乌鸫

Common Blackbird
Turdus merula

L29 冬候鸟 ●●●●○

分类地位 鸫科 Turdidae 鸫属 *Turdus*

形态特征 雄鸟：全体黑色；嘴橘黄色，眼圈黄色，脚黑色。雌鸟：似雄鸟，体色黑褐色，下体具不明显暗色纵纹。

分布与习性 分布于欧亚大陆、北非及印度至中国。在当地，除夏季外，其他季节可见，多单只出现；栖息于林下灌丛、草地，于地面取食，在树叶中翻找无脊椎动物、蠕虫，冬季也吃果实及浆果。

摄影：刘月良

摄影：丁洪安

摄影：丁洪安

摄影：付建智

白眉鸫

White-browed Thrush
Turdus obscurus

L23　旅鸟　●●●●●

分类地位　鸫科 Turdidae　鸫属 *Turdus*

形态特征　雄鸟：头、颈灰色，眉纹白色，眼先黑色，具形短的眼下斑；上体橄榄褐色，下体白色，胸、胁黄棕色；嘴黑色而下嘴基色淡。雌鸟：似雄鸟，但体色较淡，头、颈沾褐色，胸、胁黄棕色较暗。

分布与习性　繁殖于古北界中部及东部，越冬于印度东北部和东南亚等地。在当地，3~5月和8~11月常见；栖息于低矮树丛及林间，性活泼、喧闹。

白腹鸫

Pale Thrush
Turdus pallidus

L24 旅鸟 ●●○○○

分类地位 鸫科 Turdidae 鸫属 *Turdus*

形态特征 雄鸟：头、颈灰色；上体灰褐色，下体胸、胁灰褐色，腹及尾下覆羽白色；上嘴灰色，下嘴黄色；眼圈黄色；外侧2枚尾羽的羽端白色，飞翔时明显。雌鸟：似雄鸟，但体色较淡，头褐色，喉偏白色且略具细纹。

分布与习性 繁殖于东北亚，越冬于东南亚。在当地，4月和9月可见；栖息于低地林地、公园等带有灌丛的树林中；性羞怯，常活动于林下。

摄影：李在军

摄影：袁晓

赤胸鸫

Brown-headed Thrush
Turdus chrysolaus

L24 旅鸟 ○?

分类地位 鸫科 Turdidae 鸫属 *Turdus*

形态特征 雄鸟：头、颈全黑色；上体、翼及尾全褐色；下体胸、胁红棕色，腹部及臀白色。雌鸟：似雄鸟，但头、颈为褐色，喉偏白色且略具细纹。

分布与习性 繁殖于日本南部，越冬于中国台湾、华东、海南岛及菲律宾。在当地，有迁徙时经过的记录，但野外鲜有发现；栖息于混合型灌丛、林地及有稀疏林木的开阔地带；进食在有覆盖的开阔处。

赤颈鸫

Red-throated Thrush
Turdus ruficollis

L25 冬候鸟 ●●●●●

分类地位 鸫科 Turdidae 鸫属 *Turdus*

形态特征 雄鸟：颊、喉及颈栗红色；上体灰褐色，下体胸以下白色，具不明显暗纹；尾黑褐色，外侧红色。雌鸟：似雄鸟，喉白色且杂以黑色细纵纹，栗红色部分较淡且杂以黑色纹。

分布与习性 繁殖于亚洲中北部及西北部，越冬于巴基斯坦至中国北部、西部及东南亚。在当地，11月至翌年3月越冬，常成松散群体；栖息于林缘灌丛、草地；在地面时做并足长跳。

雄鸟／摄影：丁洪安

雌鸟／摄影：李超

摄影：刘月良

摄影：李在军

红尾鸫

Naumann's Thrush
Turdus naumanni

L25　冬候鸟　●●●●●

分类地位　鸫科 Turdidae　鸫属 *Turdus*

形态特征　眉棕红色。上体灰褐色，翼缘黄褐色，尾羽红褐色。下体胸、胁密布栗红色鳞状斑。脸有时沾红棕色。

分布与习性　在东北亚有广泛分布。在当地，11月至翌年3月越冬，单只或结松散小群活动；喜有树林与灌丛交错的生境，如公园、村庄附近、有树木的田野，活动区域固定。

识别要点　原为斑鸫亚种，后提升为独立种。与斑鸫的区别在于眉纹红色；下体鳞状斑红色；尾红褐色。

斑鸫

Dusky Thrush
Turdus eunomus

L25 旅鸟 ●●●●●

分类地位 鸫科 Turdidae 鸫属 *Turdus*

形态特征 雄鸟：白色眉显粗，喉白色且具细纹，耳羽黑色；上体暗红色，具粗纵纹，腰红棕色；翼具红色羽缘而显红色；下体白色，具黑色鳞斑，在胸部密而在腹部稀。雌鸟：似雄鸟，但体色较淡；上体暗褐色纵纹不明显；翅色对比不明显；下体纵纹较稀疏。

分布与习性 在东北亚有广泛分布。在当地，3~4月和8~11月常见迁徙种群，冬季有时偶见；常在地面跳跃觅食；遇危险时，就近隐于草丛或附近灌丛中，如果周围有小树则飞到树杆上观察。

识别要点 与红尾鸫的区别在于眉纹白色，下体白色且具黑色斑，尾黑褐色。

雄鸟 / 摄影：丁洪安

宝兴歌鸫

Chinese Thrush
Turdus mupinensis

L23 迷鸟 ●○○○○

分类地位 鸫科 Turdidae 鸫属 *Turdus*

形态特征 耳羽淡皮黄色，后侧具黑色斑块。上体绿褐色，翼具2道翼带。下体白色，具粗大黑色点斑，胸沾棕色。飞翔时，翼下覆羽上缘红棕色。

分布与习性 分布于中国中部，为中国特有鸟种。在当地为迷鸟，5月可见；栖息于林下灌丛，以昆虫为食。

灰纹鹟

Grey-streaked Flycatcher
Muscicapa griseisticta

L14 旅鸟 ●●●●○

分类地位 鹟科 Muscicapidae
鹟属 *Muscicapa*

形态特征 成鸟：眼圈及眼先白色；上体纯褐灰色，下体白色，胸及胁满布深灰色纵纹；翼长几至尾。亚成鸟：似成鸟，上体多具点斑，头顶具纵纹；下体纵纹色深，翼黑色而缘白色。

鹟科　Muscicapidae

» 全世界有52种。中国有37种。黄河三角洲有9种。
» 头圆，嘴尖直而嘴基宽大，具刚硬髭须。脚弱而短细，黑色。立姿直。

分布与习性 繁殖于东北亚，越冬于菲律宾及东南亚等地。在当地，4~5月和9~11月迁徙时常见，常单只出现；栖于密林、开阔森林及林缘；性机警。

识别要点 与乌鹟的区别在于胸及胁满布深灰色纵纹；翼缘白色，翼长几至尾端；无半颈环。

摄影：中易水寒

摄影：袁晓

乌鹟

Dark-sided Flycatcher
Muscicapa sibirica

L13 旅鸟 ●●●●●

分类地位 鹟科 Muscicapidae 鹟属 *Muscicapa*

形态特征 成鸟：眼圈白色，喉白色且通常具白色的半颈环；上体深灰色，下体白色，两胁为烟灰色；翼长至尾的2/3。亚成鸟：似成鸟，上体具杂点斑，下体两胁为深色纵纹，翼黑色而缘棕色。

分布与习性 繁殖于东北亚，越冬于中国南方和东南亚等地。在当地，4~5月和9~11月常见；栖息于有树的多种生境中；常立于裸露低枝上，冲出捕捉过往昆虫，然后飞回树枝。

识别要点 与灰纹鹟的区别在于胸及胁烟灰色，翼缘棕色而非白色，翼至尾长的2/3，具半颈环。

北灰鹟

Asian Brown Flycatcher
Muscicapa dauurica

L13 旅鸟 ●●●●●

分类地位 鹟科 Muscicapidae 鹟属 *Muscicapa*

形态特征 嘴黑色而下嘴基黄色。上体灰褐色，下体偏白色，胸侧及两胁褐灰色。翼尖延至尾的中部，翼缘白色。

分布与习性 繁殖于东北亚及喜马拉雅山脉，越冬于印度和东南亚等地。在当地，3~5月和8~11月迁徙时常见；栖息于有树的多种环境中；常从栖处捕食昆虫，回至栖处后尾做独特的颤动。

识别要点 下嘴基黄色，胸侧及两胁褐灰色，翼稍短而仅至尾的中部，可区别于其他鹟。

雄鸟 / 摄影：李在军

雌鸟 / 摄影：付建智

白眉姬鹟

Yellow-rumped Flycatcher
Ficedula zanthopygia

L13 旅鸟 ●●●●●

分类地位 鹟科 Muscicapidae 姬鹟属 *Ficedula*

形态特征 雄鸟：白色眉粗而明显；上体除腰黄色外其他部分深黑色；下体除下腹、尾下覆羽白色外其余黄色；翼黑色且具白色斑，并有1道白色翼线；尾黑色。雌鸟：上体腰黄色而其余部分暗绿色；下体似雄鸟但色为淡黄色，喉、胸常具暗褐色斑纹；翼具2道翼带及白色翼线而无白色斑。

分布与习性 繁殖于东北亚，越冬于中国南方和东南亚等地。在当地，5月和9~10月常见，是否繁殖需要继续观察；栖息于灌丛及近水林地。

识别要点 雄鸟的白色眉纹和黑色背部及雌鸟的黄色腰、2道翼带各有别于黄眉[姬]鹟的雄雌两性。

黄眉姬鹟

Narcissus Flycatcher
Ficedula narcissina

L13 旅鸟 ●●●●●

分类地位 鹟科 Muscicapidae 姬鹟属 *Ficedula*

形态特征 雄鸟：有两种色型；指名亚种（*F.n.narcissina*）——眉纹黄色，上体除腰黄色外其他部分深黑色，下体喉、胸橘黄色，腹下黄色渐淡至尾下覆羽变为白色，翼黑色且具白色斑，尾黑色；东陵亚种（*F.n.elisae*）——眼先黄色，无眉纹，上体腰黄色，背偏绿色，下体包括尾下覆羽黄色，翼黑色且具白色斑，尾黑色。雌鸟：上体橄榄灰色，尾棕色，下体浅褐色沾黄色。

分布与习性 繁殖于东北亚，越冬于泰国、菲律宾等地。在当地，4~5月和8~10月常见；栖息于林缘、林间空地，常从树的顶层及树间捕食昆虫。

识别要点 当地雄鸟为指名亚种，与白眉姬鹟的区别在于眉黄色；雌鸟下体浅褐色沾黄色，可区别其于他鹟。

摄影：袁晓

雌鸟／摄影：付建智

雄鸟 / 摄影：李在军

雌鸟 / 摄影：丁洪安

鸲姬鹟

Mugimaki Flycatcher
Ficedula mugimaki

L13 旅鸟 ●●●●●

分类地位 鹟科 Muscicapidae 姬鹟属 *Ficedula*

形态特征 雄鸟：白色眉狭窄，于眼后；上体黑色；下体喉、胸及腹橘黄色，尾下覆羽白色；翼黑色且具白色斑；尾黑色，尾基侧白色。雌鸟：上体包括腰褐色，下体似雄鸟但色淡；翼具翼带，尾无白色。亚成雄鸟：似成体雄鸟，上体全褐色，下体橘黄色部分色淡，翼黑色且无白色斑但具翼带。

分布与习性 繁殖于亚洲北部，越冬于东南亚等地。在当地，4~5月和8~10月常见；栖息于林缘地带、林间空地；尾常抽动并扇开。

红喉姬鹟

Taiga Flycatcher
Ficedula albicilla

L13 旅鸟 ●●●●●

分类地位 鹟科 Muscicapidae 姬鹟属 *Ficedula*

形态特征 雄鸟：喉红色显著；上体褐色；下体除喉外其余部分白色；尾黑色而基部外侧白色明显；冬季时，喉红色消失。雌鸟：下体白色，胁沾污色；尾黑色，与上体颜色对比明显，且基部外侧为白色。

分布与习性 繁殖于古北界，越冬于中国、菲律宾及东南亚等地。在当地，5月和9~10月常见；栖息于林缘及河流两岸的较矮树木或灌林上；有险情时，冲至隐蔽处；尾长而上翘。

识别要点 雌、雄尾黑色而基部外侧白色明显，可区别于其他。

雌鸟 / 摄影：陈建中

雄鸟 / 摄影：付建智

雄鸟 / 摄影：袁晓

雌鸟 / 摄影：付建智

白腹蓝姬鹟

Blue-and-white Flycatcher
Cyanoptila cyanomelana

L17 旅鸟 ●●●●●

分类地位 鹟科 Muscicapidae 蓝鹟属 *Cyanoptila*

形态特征 雄鸟：上体闪光，钴蓝色；下体脸、喉及上胸近黑色，其余部分白色；尾基外侧白色。雌鸟：上体灰褐色，两翼及尾褐色；下体胸及胁褐色，喉中心及腹部白色。亚成雄鸟：同成鸟，但下体的黑色变为烟褐色，上体仅翼、尾钴蓝色。

分布与习性 繁殖于东北亚，越冬于中国、菲律宾及马来半岛等地。在当地，4~5月和9~10月常见；栖息于比较茂密的多林地带，在高林层取食。

方尾鹟

Grey-headed Canary Flycatcher
Culicicapa ceylonensis

L13 旅鸟 ●●○○○

分类地位 鹟科 Muscicapidae 方尾鹟属 *Culicicapa*

形态特征 雌雄同色。头、颈灰色，略具冠羽。上体橄榄色，下体胸以下黄色。

分布与习性 分布于印度至中国南方及东南亚。在当地，4月和9月在不同地点均有发现并拍摄了照片；栖于林地，性喧闹活跃，在树枝间跳跃，不停地捕食及追逐过往昆虫；常将尾扇开。

备注 当地有多次记录，以往资料记录的中国分布区可能有误。

摄影：丁洪安

雄鸟 / 摄影：袁晓

雌鸟 / 摄影：中易水寒

紫寿带

Japanese Paradise-Flycatcher
Terpsiphone atrocaudata

L40（雄）、L20（雌） 旅鸟 ●●○○○

分类地位 王鹟科 Monarchinae
寿带属 *Terpsiphone*

形态特征 雄鸟：嘴及眼圈灰蓝色，头、颈、胸紫黑色，腹以下白色；体背及翼、尾紫褐色，尾长（约20cm）。雌鸟：无形长的尾；体背及尾栗褐色；胸部的紫黑色较淡；其他特征同雄鸟。

分布与习性 繁殖于日本、朝鲜及中国台湾，越冬在东南亚。在当地，4月和9~10月可见，数量较少；栖息于沿海附近的阔叶林下，从森林低层的栖处捕食。

识别要点 与寿带的区别在于体背及翼、尾紫褐色；头、胸部黑色，两者无明显界线。

> 王鹟科 Monarchinae
>
> » 全世界有98种。中国有3种。黄河三角洲有2种。
>
> » 雄鸟尾形特长或尾宽而长，常翘起展开。雌鸟外形与行为似鹟类。

寿带

Asian Paradise-Flycatcher *Terpsiphone paradisi* L42（雄）、L22（雌） 夏候鸟 ●●●○○

分类地位 王鹟科 Monarchinae 寿带属 *Terpsiphone*

形态特征 雄鸟：有两种色型；栗色型——嘴及眼圈钴蓝色，头、喉及冠羽蓝黑色，颈、胸灰白色到下腹渐变为白色，体背及翼、尾栗红色，具形长（约20cm）的尾；白色型——同栗色型，但下体除头、喉蓝黑色外，其余部分全白色。雌鸟：除无形长的尾外，其他特征同雄鸟的。

分布与习性 分布于土耳其、印度、中国至东南亚。在当地，5~9月可见；栖息于低地林，从树林低层的栖处捕食，常与其他种类混群；在繁殖期，隐匿于树冠中而难以被发现。

识别要点 与紫寿带的区别在于体背及翼、尾栗红色，头部的蓝黑色与胸部的灰白色界线明显。

雄鸟／摄影：陈建中

雌鸟／摄影：付建智

雌鸟／摄影：付建智

雄鸟／摄影：丁洪安

雌鸟／摄影：丁洪安

文须雀 Bearded Reedling *Panurus biarmicus*

L17 旅鸟 ●●○○○

分类地位 鸦雀科 Paradoxornithidae
文须雀属 *Panurus*

形态特征 雄鸟：橘黄色嘴尖细，脸部具特征性黑色锥形髭纹斑；体羽皮黄褐色，上体头灰色，下体喉、胸白色，臀部黑色；翼上具黑色、白色斑纹；尾甚长。雌鸟：似雄鸟，但脸部无黑色斑，头顶灰色不明显。

分布与习性 分布于古北界。在中国为地区性分布，常见于北方多芦苇生境。在当地，不定期无规律出现，可见于4~5月和9~11月，在有的年度越冬；集小群，栖于芦苇丛中攀缘跳动；性活泼；飞行时振翼弱且快，有时群鸟高飞空中又猛扎回芦苇地。

> 鸦雀科 Paradoxornithidae
> » 全世界有20种。中国有20种。黄河三角洲有3种。
> » 嘴粗短，呈锥形，嘴峰呈拱圆形。翼短圆而尾长。

棕头鸦雀

Vinous-throated Parrotbill
Paradoxornis webbianus

L12 留鸟 ●●●●●

分类地位 鸦雀科 Paradoxornithidae 鸦雀属 *Paradoxornis*

形态特征 体型纤小。嘴粗短、灰色而尖色淡。上体头部棕红色，体背灰褐色。下体红褐色。翼褐色，常具栗色羽缘。

分布与习性 分布于中国、朝鲜及越南北部。在当地为常见留鸟；夏季成对生活，冬季结成大群，数量较多；通常栖息于灌丛、低矮树丛、芦苇沼泽等生境中；叫声吵杂，活泼而好结群，有时与震旦鸦雀混群。

摄影：李在军

摄影：丁洪安

摄影：刘月良

摄影：李在军

震旦鸦雀

Reed Parrotbill
Paradoxornis heudei

L18　留鸟　●●●●●

分类地位　鸦雀科 Paradoxornithidae　鸦雀属 *Paradoxornis*

形态特征　嘴粗而黄，呈拱圆形。黑色眉粗长，上缘黄褐色而下缘白色。整体黄褐色，上体额、头顶及颈背灰色，下体颏、喉及腹中心近白色。尾长，中央尾羽沙褐色，其余部分黑色而羽端白色。翼上肩部浓黄褐色。

分布与习性　为中国东部及东北至西伯利亚东南部的特有种。在当地常见且分布广泛，数量多；栖息于近水的芦苇、香蒲等湿地生境中，环芦苇枝从低处渐攀到高处；在芦苇间穿梭，从一丛短距离飞跃到另一丛，飞翔时鸣叫；繁殖于芦苇丛间，以芦苇纤维为巢材，借芦苇枝为支架筑巢，巢为杯状；性活泼，常结小群。

棕扇尾莺 Zitting Cisticola *Cisticola juncidis*

L10　夏候鸟　●●●●●

扇尾莺科 Cisticolidae

» 全世界有111种。中国有10种。黄河三角洲有2种。
» 嘴形尖细。跗趾长而细弱。尾形长多呈扇形或楔形。

分类地位 扇尾莺科 Cisticolidae
扇尾莺属 *Cisticola*

形态特征 夏羽：眉纹白色或皮黄色，嘴略弯，下嘴色淡；顶冠红褐色；体背红褐色且具粗黑色纵纹，翼羽缘红褐色，腰红色；下体白色，胸、胁棕色；扇形尾褐色，端白色、次端黑色；脚粉红色。冬羽：似夏羽，顶冠具黑色纵纹；尾羽黑色，具多道白色点斑。

分布与习性 分布于非洲、南欧及印度、中国、日本至澳大利亚北部。在当地，5~10月常见；栖息于近水的芦苇、稻田、草丛，常于空中展翅停空鸣叫；繁殖时筑巢于白茅或芦苇丛中。

摄影：付建智

摄影：祝芳振

摄影：付建智

山鹛

Chinese Hill Warbler
Rhopophilus pekinensis

L17 留鸟 ●●●●●

分类地位 扇尾莺科 Cisticolidae 山鹛属 *Rhopophilus*

形态特征 眉灰色，耳羽沙褐色，髭纹细黑色。上体沙褐色且具纵纹。下体颏、喉及胸白色，胁、腹具栗色纵纹。尾长、棕色而缘白色。

分布与习性 分布于中国北部及西部，为中国特有鸟种。在当地为留鸟，善隐蔽而难以被发现；栖息于灌丛及芦苇丛中；于隐蔽处之间做快速飞行，善在地面奔跑；不惧生；在非繁殖期，结群活动。

鳞头树莺

Asian Stubtail
Urosphena squameiceps

L10 旅鸟 ●●●○○

分类地位 莺科 Sylviidae

短尾莺属 *Urosphena*

形态特征 体型矮胖。嘴形尖细而长，上黑色而下色淡。具明显的深色贯眼纹和浅色的眉纹。上体纯褐色，顶冠具鳞状斑纹而显色暗。下体近白色，两胁及臀皮黄色。尾极短。脚粉红色。

分布与习性 繁殖于东北亚，越冬于东南亚。在当地，4月和10月可见，数量较少，常单独或成对活动；栖息于开阔的灌丛或林木下缘。

> 莺科 Sylviidae
>
> » 全世界有281种。中国有104种。黄河三角洲有20种。
>
> » 体型小而显细弱。嘴细长而尖。跗趾长而细弱。性活跃、善鸣叫，声音尖细、清脆。分为以下几类：
>
> 树莺类——体色暗褐色，少翼斑或纵纹而显色纯，通常具眼纹而无顶冠纹。
>
> 蝗莺类——尾长，呈楔形。体色纯褐色或背具黑色纵纹。
>
> 苇莺类——尾较长，体型较大。体色多暗褐色，栖于灌丛、沼泽、稻田、草地。
>
> 柳莺类——体色多鲜绿色，头部纹线、翼斑等有多种变化。常栖于林间、灌丛。
>
> 鹟莺类——下体色多鲜黄色，头部灰色或带有明显颜色。

摄影：刘庆堂

摄影：袁晓

远东树莺

Manchurian Bush Warbler
Cettia canturians

L10 旅鸟 ●●●○○

分类地位 莺科 Sylviidae 树莺属 *Cettia*

形态特征 体大。眉纹皮黄色，眼纹深褐色。上体棕色，头顶棕红色。喉白色，胸、两胁及尾下暗皮黄色。尾短。

分布与习性 繁殖于东亚，越冬于印度东北部、中国南方、东南亚。在当地，4~5月和9~10月可见；通常尾略上翘；栖息于次生灌丛。

识别要点 头顶棕红色，具清晰的眉纹，喉、胸部显暗皮黄色，可区别于常见的莺类。

短翅树莺

Japanese Bush Warbler
Cettia diphone

L15 旅鸟 ●○○○○

分类地位 莺科 Sylviidae 树莺属 *Cettia*

形态特征 眉纹皮黄白色。上体为较纯的橄榄褐色，翼角具白色细斑。下体乳白色，有弥漫型淡皮黄色胸带，两胁及尾下覆羽橄榄褐色。

分布与习性 繁殖于日本及中国东北部，越冬于中国东部及中国台湾。在当地，4月和9~10月偶见，常单独出现；栖息于次生灌丛及草地，野外难以观察到；通常尾略上翘。

识别要点 与远东树莺极难区别，相对体长、尾长，头顶与上体色对比不明显，脸侧稍污色。

备注 原名为日本树莺。

摄影：五七战士

摄影：五七战士

摄影：丁洪安

中华短翅莺

Chinese Bush Warbler
Bradypterus tacsanowskius

L14 夏候鸟 ●○○○○

分类地位 莺科 Sylviidae 短翅莺属 *Bradypterus*

形态特征 下嘴基色淡，眉纹淡棕色，颊和耳羽淡棕色并缀以白色纹。上体棕褐色，下体喉白色并具细纵纹，胸、胁淡棕色，尾下覆羽褐色且具白色横纹。脚淡黄色。

分布与习性 繁殖于西伯利亚至中国东北、中部，越冬于东南亚及印度东北部。在当地为偶见夏候鸟，进入繁殖期后难以观察到；性隐秘，隐匿于林隙间的稠密灌丛中。

矛斑蝗莺

Lanceolated Warbler
Locustella lanceolata

L12.5 夏候鸟 ●●●○○

分类地位 莺科 Sylviidae 蝗莺属 *Locustella*

形态特征 眉纹皮黄色、短且模糊不清。嘴形粗厚，上黑色而下褐色。上体橄榄褐色并具黑色粗纵纹，下体白色而沾赭黄色，胸及两胁具黑色纵纹。脚粉色而形长。尾长，楔形。

分布与习性 繁殖于西伯利亚、古北界东部，越冬于菲律宾和东南亚等地。在当地，见于4~10月；栖息于湿润稻田、沼泽灌丛、近水的休耕地及草丛中；性羞怯，常单独或成对在草丛间或灌丛低部活动；受惊吓时，少起飞，而是站在地上急扭尾或隐于丛中，一般难以被发现。

摄影：李在军

摄影：付建智

摄影：袁晓

亚成鸟／摄影：丁洪安

小蝗莺

Rusty-rumped Warbler
Locustella certhiola

L15 旅鸟 ●●○○○

分类地位 莺科 Sylviidae 蝗莺属 *Locustella*

形态特征 眉皮黄色。上体体背橄榄褐色且具黑色纵纹，腰红色，翼及尾红褐色，楔形尾端白色而次端黑色。下体近白色，胸及两胁沾橄榄褐色。幼鸟胸、胁橄榄褐色，具细纵纹。

分布与习性 繁殖于亚洲北部及中部，越冬于中国及东南亚等地。在当地，5月和10月偶见；栖息于芦苇地、沼泽、稻田、近水的草丛及林缘地带；隐匿于浓密的植被下，即使被惊起，飞行仅几米远就又扎入隐蔽物中。

苍眉蝗莺

Gray's Warbler *Locustella fasciolata*　L15　旅鸟　●○○○○

分类地位　莺科 Sylviidae　蝗莺属 *Locustella*

形态特征　成鸟：上嘴黑色，下嘴色淡；眉灰色，脸颊具灰色细纹；上体纯橄榄褐色，头顶稍灰色，腰深棕色；下体喉白色，胸灰色，胁棕褐色；脚粉褐色。幼鸟：似成鸟，但整体为较淡的黄棕色；眉于眼先明显，于眼后色淡；胸具细纵纹。

分布与习性　繁殖于东北亚及日本，越冬于中国东部至菲律宾、新几内亚岛等地。在当地，5月和9月可见，但很少见到；栖息于低地及沿海的林地、草地及灌丛中，在林下植被中潜行、奔跑及齐足跳动。

摄影：丁洪安

摄影：丁洪安

黑眉苇莺

Black-browed Reed Warbler
Acrocephalus bistrigiceps

L13 旅鸟 ●●●●●

分类地位 莺科 Sylviidae 苇莺属 *Acrocephalus*

形态特征 眼纹皮黄色，其上具清楚的黑色条纹。上体褐色，下体黄褐色或白色。

分布与习性 繁殖于东北亚，越冬于印度、中国南方及东南亚。在当地，5~6月和9~10月常见；栖息于近水的高芦苇丛及高草地。

备注 是否繁殖需继续观察。

钝翅苇莺

Blunt-winged Warbler
Acrocephalus concinens

L14 夏候鸟 ●●●●●

分类地位 莺科 Sylviidae 苇莺属 *Acrocephalus*

形态特征 白色眉纹于眼后变得模糊不清，眉短不过眼。两翼短圆。头顶部常竖起显较凸。上体深橄榄褐色，腰及尾上覆羽棕色。下体白色，胸侧、两胁及尾下覆羽沾皮黄色。尾形长。

分布与习性 繁殖于中亚及中国东部，越冬于印度、中国西南部及东南亚。在当地，4~9月常见但难以观察到；在芦苇丛间常听到“呱呱叽，呱呱叽”的鸣叫，但隐于芦苇丛中而难以见到。

摄影：TSS

东方大苇莺

Oriental Reed Warbler
Acrocephalus orientalis

L19 夏候鸟 ●●●●●

分类地位 莺科 Sylviidae 苇莺属 *Acrocephalus*

形态特征 眉纹皮黄色或白色。上体褐色而头部稍暗。下体喉、胸白色且具细纵纹（有时不明显），两胁、腹沾棕色。尾形较长，端白色。

分布与习性 繁殖于东亚，越冬于印度及东南亚等地。在当地，4~10月常见；栖息于近水的苇地、稻田、沼泽及低地次生灌丛中；常站于芦苇或灌丛顶端鸣叫，遇人即落入丛中；杜鹃类常将卵寄生于其巢中。

识别要点 体大，眉纹于眼前清晰、于眼后细弱，胸部常具细纵纹，可区别于其他苇莺。

厚嘴苇莺

Thick-billed Warbler
Acrocephalus aedon

L20 夏候鸟 ●●●●●

分类地位 莺科 Sylviidae 苇莺属 *Acrocephalus*

形态特征 嘴粗短，上褐色而下淡色。无眉纹，眼先皮黄色。上体纯褐色，下体暗棕色。尾长而凸。

分布与习性 繁殖于古北界北部，越冬于印度、中国南方及东南亚。在当地，4~5月和9~10月常见；栖息于近水的芦苇丛、灌丛或草丛中；性机警，常站于芦苇或灌丛顶端鸣叫，遇人即落入灌丛中。

识别要点 嘴粗厚，下嘴色淡，眼先皮黄色而无眉纹，可区别于其他苇莺。

摄影：丁洪安

摄影：刘月良

褐柳莺

Dusky Warbler
Phylloscopus fuscatus

L11 旅鸟 ●●●●●

分类地位 莺科 Sylviidae 柳莺属 *Phylloscopus*

形态特征 眉纹于眼先白色。嘴细短，下嘴基及嘴裂色淡。上体单一褐色，无翼斑。下体白色，胸、胁沾黄褐色。脚褐色。

分布与习性 繁殖于亚洲北部，越冬于中国南方及东南亚等地。在当地，4~5月和9~10月常见；栖息于近水的芦苇、草丛或林缘、村庄；有翘尾并轻弹尾及两翼的习惯。

识别要点 眉纹或白色或皮黄色，但在眼先部分为白色；上体色为纯褐色，显体色单一色；脚褐色，可区别于其他柳莺。

巨嘴柳莺

Radde's Warbler
Phylloscopus schwarzi

L12.5 旅鸟 ●●●●●

分类地位 莺科 Sylviidae 柳莺属 *Phylloscopus*

形态特征 嘴粗短而色淡，眉前黄色而后乳白色。脸侧及耳羽具散布的深色斑点。上体橄榄褐色，下体污白色，胸及胁沾皮黄色，臀黄褐色。脚黄褐色。

分布与习性 繁殖于东北亚，越冬于中国南方、缅甸及中南半岛。在当地，4~5月和9~10月常见；栖息于沿海灌丛、天然柳林、草丛等处；常隐匿并取食于地面，看似笨拙沉重；尾及两翼常神经质地抽动；背有些驼。

识别要点 嘴粗短而似山雀类，眉前黄色而后白色，可区别于褐柳莺。

摄影：李在军

摄影：丁洪安

摄影：丁洪安

摄影：李在军

黄腰柳莺

Pallas's Leaf Warbler
Phylloscopus proregulus

L9 旅鸟 ●●●●●

分类地位 莺科 Sylviidae 柳莺属 *Phylloscopus*

形态特征 眉黄色，顶冠纹黄色。上体绿色而腰黄色。翼具2道黄色翼斑。下体灰白色沾黄色。

分布与习性 繁殖于亚洲北部，越冬在印度、中国南方及中南半岛北部。在当地，4~5月和9~10月常见；栖息于森林的中上层，喜柳树，有时到灌丛及芦苇丛中；性活泼，不甚怕人，不时发出叫声。

识别要点 与黄眉柳莺的区别在于具顶冠纹；腰黄色；翼斑显黄色。

黄眉柳莺

Yellow-browed Warbler
Phylloscopus inornatus

L11 旅鸟 ●●●●●

分类地位 莺科 Sylviidae 柳莺属 *Phylloscopus*

形态特征 眉前黄色而后白色，无顶冠纹。上体橄榄绿色，翼具2道白色翼斑，三级飞羽羽端白色。下体白色沾黄绿色。

分布与习性 繁殖于亚洲北部及中国东北，越冬于印度、东南亚。在当地，4~5月和8~10月常见；栖息于森林的中上层，喜柳树，有时到灌丛及芦苇丛中；性活泼，不甚怕人，不时发出叫声。

识别要点 与黄腰柳莺的区别在于无顶冠纹；腰不为黄色。与极北柳莺、双斑绿柳莺等的区别可通过三级飞羽羽端白色做进一步确认。

摄影：陈建中

摄影：中易水寒

极北柳莺

Arctic Warbler
Phylloscopus borealis

L12 旅鸟 ●●●●●

分类地位 莺科 Sylviidae 柳莺属 *Phylloscopus*

形态特征 具明显的黄白色长眉纹，嘴较粗大且上弯，下嘴色淡。上体深橄榄色，翼具甚浅的1~2道白色翼斑。下体略白色，两胁褐橄榄色。大翼斑一般可见，中覆羽的小翼斑模糊。

分布与习性 繁殖于欧洲北部、亚洲北部及美国阿拉斯加州，越冬于中国南方及东南亚等地。在当地，4~5月和8~10月常见；栖息于林地及林缘，通常见于较大树木的树冠层。

识别要点 与黄眉柳莺的区别在于嘴较粗大且上弯，尾看似短，头上图纹较醒目。

双斑绿柳莺

Two-barred Warbler
Phylloscopus plumbeitarsus
L12 旅鸟 ●●●●●

分类地位 莺科 Sylviidae 柳莺属 *Phylloscopus*

形态特征 具明显的白色的长眉纹而无顶纹。上体深绿色，翅具2道翼斑。下体白色而腰绿色。脚蓝灰色较深。

分布与习性 繁殖于东北亚及中国东北，越冬于泰国及中南半岛。在当地，4~5月和8~10月常见；栖息于林地林缘及次生灌丛中。

识别要点 与黄眉柳莺的区别在于嘴较长且下嘴基粉红色；三级飞羽无浅色羽端。

冕柳莺

Eastern Crowned Warbler
Phylloscopus coronatus

L12 旅鸟 ●●●●●

分类地位 莺科 Sylviidae 柳莺属 *Phylloscopus*

形态特征 嘴显长，下嘴色淡。眉前黄色而后白色，后颈具白色纹。上体、翼缘、尾橄榄绿色，仅具1道窄翼斑。下体白色，胁沾污色，臀黄色。

分布与习性 繁殖于东北亚，越冬于中国及东南亚等地。在当地，4~5月和8~10月常见；善鸣叫，栖于林地及林缘，通常见于较大树木的树冠层。

识别要点 后颈具白色纹，翼仅具1道窄翼斑，下体白色而臀部黄色，可区别于其他柳莺。

金眶鹟莺

Green-crowned Warbler
Seicercus burkii

L13 旅鸟 ●●●●●

分类地位 莺科 Sylviidae 鹟莺属 *Seicercus*

形态特征 眼圈黄色。头顶灰色，具黑色长眉，脸侧绿色。上体灰绿色，无翼斑。下体由喉到尾下鲜黄色。

分布与习性 分布于喜马拉雅山脉至印度、缅甸、泰国、中国华中和华南、中南半岛北部。在当地，4~5月和9~10月可见；栖息于灌丛、林缘。

摄影：丁洪安

摄影：李在军

摄影：李在军

斑背大尾莺

Marsh Grassbird
Megalurus pryeri

L12 夏候鸟 ●●●●●

分类地位 莺科 Sylviidae 大尾莺属 *Megalurus*

形态特征 眉纹模糊。上体棕褐色，由头顶到背满布黑色纵纹。下体偏白色，胁沾棕色，尾下覆羽皮黄色。楔形尾长而宽，尾端散。

分布与习性 繁殖于日本及中国东北，越冬于中国中部。在当地，5~10月常见；繁殖期活动于芦苇沼泽，善于鸣叫，常闻其鸣叫而难以观察到；性机警，遇危险即隐于芦苇丛中。

戴菊

Goldcrest
Regulus regulus

L9 冬候鸟 ●●●●●

分类地位 戴菊科 Regulidae
戴菊属 *Regulus*

> **戴菊科 Regulidae**
> » 全世界有6种。中国有2种。黄河三角洲有1种。
> » 体型纤小似柳莺。头顶具艳丽斑纹。常单独出现于树冠下层。

形态特征 体型纤小。顶冠纹金黄色或橙红色（雄鸟），两侧缘以黑色侧冠纹。眼周及眼先白色。整体偏绿色，翼上具黑色、白色图案。

分布与习性 分布于欧洲至西伯利亚及中国、日本。在当地，11月至翌年3月越冬，数量较少但常见，多单独出现；栖息于林冠下层；性活跃；通常独栖于树丛间飞跃；振翅迅速，如悬停空中。

摄影：李在军

摄影：刘涛

红胁绣眼鸟

Chestnut-flanked White-eye
Zosterops erythropleurus

L10 旅鸟 ●●●●●

分类地位 绣眼鸟科 Zosteropidae
绣眼鸟属 *Zosterops*

形态特征 眼圈白色。上体鲜亮，绿橄榄色。下体喉及臀部黄色，胸侧灰色，两胁栗红色，腹白色。

分布与习性 分布于东亚、中国东部及中南半岛。在当地，4~5月和8~10月常见；栖息于各种树林、公园、果园中，尤喜有浆果或蜜源丰富的树木；性活泼而喧闹，于树顶觅食小型昆虫、小浆果及花蜜。

识别要点 与暗绿绣眼鸟的区别在于无黄色短眉，两胁栗红色。

> 绣眼鸟科 Zosteropidae
> » 全世界有94种。中国有4种。黄河三角洲有2种。
> » 体型细小，眼周有银灰色羽，嘴细小而略弯，体色橄榄绿色或偏黄色。

暗绿绣眼鸟

Japanese White-eye
Zosterops japonicus

L10 旅鸟 ●●●●●

分类地位 绣眼鸟科 Zosteropidae 绣眼鸟属 *Zosterops*

形态特征 眼圈白色，黄色眉短仅至眼部。上体鲜亮绿橄榄色。下体喉及臀部黄色，胸及两胁灰色，腹白色。

分布与习性 分布于日本、中国、缅甸及越南北部。在当地，4~5月和8~10月常见；栖息于各种有树的环境中，尤喜有浆果或蜜源丰富的树木；性活泼而喧闹，于树顶觅食小型昆虫、小浆果及花蜜。

识别要点 与红胁绣眼鸟的区别在于具黄色短眉，两胁灰色。

摄影：丁洪安

摄影：李在军

雄鸟 / 摄影：单凯

雄鸟 / 摄影：丁洪安

雄鸟 / 摄影：丁洪安

雌鸟 / 摄影：李在军

雌鸟 / 摄影：丁洪安

中华攀雀

Chinese Penduline Tit
Remiz consobrinus

L11 留鸟 ●●●●●

> 攀雀科 Remizidae
>
> » 全世界有13种。中国有3种。黄河三角洲有1种。
> » 体型纤小。嘴尖细，呈锥形。喜攀援，常将头倒悬于树枝上。

分类地位 攀雀科 Remizidae

攀雀属 *Remiz*

形态特征 雄鸟：黑色眼罩延到额基；眼罩外围的眉纹、喉、颊部白色，且颊部白色明显；头灰色，顶冠灰色，下体棕色，背棕褐色。雌鸟：似雄鸟但色暗，整体色棕色；脸罩深褐色；眉纹不明显；喉、颊部白色。幼鸟：整体色棕色；脸罩及眉纹不明显；颊部白色。

分布与习性 分布于俄罗斯的极东部及中国东北，越冬于日本、朝鲜和中国东部。在当地为常见留鸟；栖息于有树木的公园或近水的农田、草原、芦苇等处，有时也到芦苇丛中；食植物种子及昆虫；繁殖营巢穴于树梢，尤其是柳树树梢。

银喉长尾山雀

Long-tailed Tit
Aegithalos caudatus

L6 冬候鸟 / 留鸟 ●●●●●

长尾山雀科 Aegithalidae

- 全世界有9种。中国有5种。黄河三角洲有1种。
- 嘴小而尖，似圆锥。尾形甚长。性活跃。善攀缘。

分类地位 长尾山雀科 Aegithalidae
长尾山雀属 *Aegithalos*

形态特征 嘴细短、黑色。头圆。尾长、黑色而外侧白色。指名亚种：头及下体白色，颈侧及上背黑色，下背葡萄红色，臀棕红色；幼鸟头侧黑色。东部亚种：具宽的黑色眉纹、白色顶冠纹，眼先及额基棕色，喉灰黑色；背灰色，翅、尾黑色。

分布与习性 诸多亚种见于整个欧洲及亚洲温带。在当地有2个亚种，指名亚种在当地为冬候鸟，东部亚种为留鸟；常成小群活动，觅食于树冠，偶尔下地觅食。

指名亚种 / 摄影：李在军

东部亚种 / 摄影：李在军

摄影：李在军

指名亚种 / 摄影：丁洪安

沼泽山雀

Marsh Tit
Parus palustris

L11.5 留鸟 ●●○○○

山雀科 Paridae

» 全世界有55种。中国有22种。黄河三角洲有4种。
» 体型小。嘴形短而尖细，呈锥形。跗蹠强健。许多种具羽冠。

分类地位 山雀科 Paridae
山雀属 *Parus*

形态特征 额、头顶及枕黑色，嘴基经颊至后颈白色，喉黑色。上体灰色，无翼斑。下体白色染灰色。

分布与习性 断续分布于欧洲的温带地区及东亚。在当地为少见的留鸟；一般单独或成对活动；栖息于河边林地及果园。

识别要点 以无翼斑而区别于大多数山雀，而与褐头山雀的区别在于头顶黑色而非褐色。

黄腹山雀

Yellow-bellied Tit
Parus venustulus

L10　旅鸟　●●●●●

分类地位　山雀科 Paridae　山雀属 *Parus*

形态特征　雄鸟：头黑色且具白色颊斑，后颈具白色斑；上体蓝灰色，翼具2道白色点状翼斑；下体鲜黄色而无纵纹；嘴及尾甚短。雌鸟：头顶及上体绿色，后颈具黄色斑；脸侧具白色颊斑；下体自喉至尾黄色；翼黑色且具2道白色翼斑。幼鸟：下嘴基色淡；头顶及上体橄榄色；喉及下体黄色。

分布与习性　中国东南部的特有种。在当地，4~5月和9~11月常见；栖于柳树、灌丛，在春季花开季节喜长时间啄食花蜜。

雌鸟 / 摄影：李在军

雄鸟 / 摄影：李在军

摄影：单凯

摄影：陈建中

煤山雀

Coal Tit
Parus ater

L11 冬候鸟 ●●●●●

分类地位 山雀科 Paridae 山雀属 *Parus*

形态特征 头黑色，脸部具白色三角形斑，颈背具白色斑。上体灰色，翼具2道翼斑。下体白色染黄色或灰色，无纵纹，两胁深灰色。

分布与习性 分布于欧洲、北非及地中海国家，东至中国、西伯利亚及日本。在当地，11月至翌年4月常见；成小群在树冠及树皮上翻找昆虫及虫卵；栖息于各种灌丛、树林；性活跃而不惧人，善鸣叫。

识别要点 翼具2道翼斑，下体白色而无纵纹，颈背具白色斑，可区别于其他山雀。

大山雀 Great Tit *Parus major*

L14 留鸟 ●●●●●

分类地位 山雀科 Paridae 山雀属 *Parus*

形态特征 头黑色，脸侧具大块白色斑。上体灰色沾绿色，翼具1道白色翼斑。下体白色，黑色带由喉延至腹下。

分布与习性 分布于古北界至印度、中国、日本及东南亚等地。在当地为常见留鸟；栖息于有树的多种环境中；性活跃，善鸣叫；冬季成小群觅食于灌木丛及芦苇中，夏季成对在树林中觅食；营巢于树洞、墙缝中。

摄影：刘月良

摄影：单凯

普通䴓

Eurasian Nuthatch
Sitta europaea

L13 留鸟 ●●○○○

分类地位 䴓科 Sittidae 䴓属 *Sitta*

形态特征 嘴黑色而下嘴基青白色。黑色贯眼纹延至后颈。上体蓝灰色。下体喉白色，腹部淡皮黄色，两胁浓栗色。尾下覆羽白色且具栗色羽缘。

分布与习性 分布于古北界，有多个亚种。在当地为偶见留鸟；栖于各种树林中；沿树杆上下、左右灵活地做螺旋状攀爬，飞行起伏呈波浪状；主要食物为昆虫，偶食坚果，偶尔于地面取食。

备注 当地亚种为下体喉白色、腹淡皮黄色的亚种。

> 䴓科 Sittidae
> » 全世界有24种。中国有11种。黄河三角洲有1种。
> » 嘴形尖细而直。爪长。尾短，呈方形。

欧亚旋木雀

Eurasian Treecreeper
Certhia familiaris

L13 留鸟 ●●●●●

分类地位 旋木雀科 Certhiidae

旋木雀属 *Certhia*

旋木雀科 Certhiidae
» 全世界有7种。中国有5种。黄河三角洲有1种。
» 体形小。嘴长而下弯。上体色褐色较重并杂以斑纹。尾长而坚硬。

形态特征 嘴形长而下弯，下嘴色淡。眉白色，长延至后颈。上体褐色斑驳，具杂乱白色斑。下体白色，仅臀沾棕色。尾棕褐色而无横纹。

分布与习性 分布于欧亚大陆、喜马拉雅山脉至中国北方、西伯利亚及日本。在当地为常见留鸟；常单独或成对活动于树木上，有时偶尔到田间；善攀援树木，围树杆旋转觅食。

摄影：李在军

雄鸟 / 摄影：陈建中

雄鸟 / 摄影：付建智

雄鸟 / 摄影：刘庆堂

山麻雀

Russet Sparrow
Passer rutilans

L14 旅鸟 ●●●●●

分类地位 雀科 Passeridae

麻雀属 *Passer*

形态特征 雄鸟：喉黑色，脸侧白色而无斑；上体顶冠栗红色，体背栗色且具色黑色纵纹；下体黄褐色或白色。雌鸟：喉无黑色斑，具形长的皮黄色眉纹；上体暗栗色，体背具纵纹；下体自喉至尾下白色沾黄色。

分布与习性 分布于喜马拉雅山脉及中国西藏高原东部、华中、华南和华东。在当地，4~6月和9~10月可见，但数量少；栖息于开阔林地及农田。

识别要点 雄鸟与麻雀的区别在于脸侧白但无黑色小斑；雌鸟具形长而明显的皮黄色眉纹，喉无黑色斑。

> 雀科 Passeridae
> » 全世界有35种。中国有13种。黄河三角洲有2种。
> » 嘴粗短，呈圆锥形。喜集群，生活在人类居住区周围。

麻雀

Eurasian Tree Sparrow
Passer montanus

L14 留鸟 ●●●●●

分类地位 雀科 Passeridae 麻雀属 *Passer*

形态特征 喉黑色，脸侧白色且具黑色小斑，颈背具完整的灰白色领环。顶冠褐色，体背褐色并具纵纹。下体黄褐色或白色。

分布与习性 分布于欧洲、中东、中亚和东亚、喜马拉雅山脉及东南亚。在当地为常见留鸟；栖息于有人类居住的多种环境中；喜集群；杂食，以植物种子为食，繁殖期食昆虫。

分布与习性 与其他麻雀属鸟类的区别在于脸侧具黑色小斑；有完整的灰白色领环。

摄影：丁洪安

摄影：单凯

摄影：刘月良

雄鸟 / 摄影：李在军

雌鸟 / 摄影：丁洪安

燕雀

Brambling
Fringilla montifringilla

L16 留鸟 ●●●●●

燕雀科 Fringillidae
» 全世界有135种。中国有57种。黄河三角洲有11种。
» 嘴小而厚，呈圆锥形。尾较长而凹。善飞翔。

分类地位 燕雀科 Fringillidae

燕雀属 *Fringilla*

形态特征 雄鸟：嘴黄色而尖黑色；上体头及颈背黑色，腰白色；下体喉、胸橙黄色，腹下白色，胁棕色且具黑色点斑；翼黑色，具棕色肩羽、翼带，初级飞羽基部具白色点斑；尾黑色，呈叉形；在非繁殖期，黑色变淡。雌鸟：似非繁殖期的雄鸟，但头部灰褐色，颈侧灰色；头顶至后颈黑色，且喉、胸橙黄色淡。

分布与习性 分布于古北区北部。在当地为常见留鸟，见于农田、行道树、公园、树林等多种环境中；冬季成对或小群活动；喜跳跃和呈波浪状飞行；于地面或树上取食。

普通朱雀

Common Rosefinch
Carpodacus erythrinus

L15 旅鸟 ●●●●●

分类地位 燕雀科 Fringillidae 朱雀属 *Carpodacus*

形态特征 雄鸟：头红色，无眉纹，耳羽色深；上体灰褐色，腰红色；下体喉、胸红色，腹及尾下白色。雌鸟：上体灰褐色且具暗纵纹；下体白色沾污黄色，喉至胸及两胁具褐色纵纹。

分布与习性 繁殖于欧亚北部及中国西北部，越冬于印度、中南半岛及中国南方。在当地，4~5月和8~10月常见；单独、成对或结小群活动；栖息在林间空地、灌丛及溪流旁；飞行呈波浪状。

雄鸟 / 摄影：丁洪安

雌鸟 / 摄影：李在军

北朱雀

Pallas's Rosefinch
Carpodacus roseus

L16 冬候鸟 ●●○○○

分类地位 燕雀科 Fringillidae 朱雀属 *Carpodacus*

形态特征 雄鸟：体型矮胖，体色显红色；眉纹不明显，额顶及颏霜白色；上体体背具黑色纵纹，翼黑色且具2道白色翼斑，腰红色；下体腹部粉红色，臀白色。雌鸟：体色暗淡；头顶红褐色，腰红色；胸、胁具纵纹；胸沾红色；腹白色。

分布与习性 分布于西伯利亚中、东部及蒙古北部，越冬于中国北方及日本、朝鲜、哈萨克斯坦。在当地，11月至翌年3月可见；栖息于树林，于地面觅食。

白腰朱顶雀

Common Redpoll
Carduelis flammea

L14 冬候鸟 ●●○○○

分类地位 燕雀科 Fringillidae 金翅雀属 *Carduelis*

形态特征 雄鸟：眼先、额及颏黑色，头顶具红色斑；上体沙褐色，具黑褐色纵纹，腰灰白色沾粉红色，翼、尾黑褐色且具灰白色羽缘，翼具1道白色翼带；下体胸粉红色并延至脸侧，体侧具黑褐色纵纹。雌鸟：似雄鸟，但胸无粉红色。

分布与习性 分布于全北界北部，繁殖于北方针叶林区，越冬于温带林区。在当地，11月至翌年3月偶见；结群而栖，多在地面取食；受惊时，飞至高树顶部；飞翔呈快速的冲跃式飞行。

摄影：张永

雄鸟／摄影：李在军

雌鸟／摄影：丁洪安

黄雀

Eurasian Siskin
Carduelis spinus

L11.5 旅鸟 ●●●●●

分类地位 燕雀科 Fringillidae 金翅雀属 *Carduelis*

形态特征 雄鸟：顶冠及颏黑色，脸黄色沾黑色，耳羽外缘黄色；上体体背橄榄绿色且具黑色细纵纹，腰黄色；下体胸黄色，腹白色，肋具黑色纵纹；翼黑色且具2道黄色翼带及羽缘；叉形尾黑色而基黄色。雌鸟：顶冠和颏无黑色；黄色变暗淡，下体胸侧及肋具纵纹。

分布与习性 不连贯分布于欧洲至中东及东亚。在当地，4~5月和8~11月常见，常成群活动；主要栖息于以榆树、柳树为主的树林；飞翔时呈波浪状飞行；觅食似山雀且活泼好动。

金翅雀

Oriental Greenfinch
Carduelis sinica

L13 留鸟 ●●●●●

分类地位 燕雀科 Fringillidae 金翅雀属 *Carduelis*

形态特征 雄鸟：眼先黑色，脸侧沾棕色；上体头顶至后颈灰褐色，体背纯褐色，腰黄色；下体黄色沾棕色，臀黄色；翼具黄色翼斑、白色羽缘；叉形尾黑色而基黄色。雌鸟：似雄鸟，但色暗，体背橄榄褐色且具纵纹；黄色翼斑较小。幼鸟：体色暗淡；下体具纵纹。

分布与习性 分布于西伯利亚东南部及蒙古、日本、中国东部、越南。在当地为常见留鸟，常成对或成群活动于灌丛、旷野、人工林、林园及林缘地带。

摄影：单凯

摄影：陈建中

摄影：李在军

红交嘴雀

Red Crossbill
Loxia curvirostra

L16.5　旅鸟　●○○○○

分类地位　燕雀科 Fringillidae　交嘴雀属 *Loxia*

形态特征　雄鸟：圆拱形嘴上下交错；除翼、尾黑褐色外，体显红色，翼无斑，耳羽外缘黑色。雌鸟：似雄鸟，但耳羽及上体暗灰色，下体为暗橄榄绿色。

分布与习性　分布于全北界及东南亚的温带针叶林。在当地偶见，可能为冬季游荡或迁徙种群，记录于人工松林；倒悬进食，用交嘴嗑开松子；飞行迅速而带起伏。

锡嘴雀

Hawfinch
Coccothraustes coccothraustes

L17 冬候鸟 ●●●●●

分类地位 燕雀科 Fringillidae 锡嘴雀属 *Coccothraustes*

形态特征 嘴形粗大，眼先、嘴基及颏黑色，颈侧及后颈灰色。上体头顶暖褐色，后颈灰色，体背茶褐色，腰淡褐色。下体淡黄褐色，臀白色。翼灰黑色且具白色大翼斑。尾较短且暖褐色，尾端白色，略凹。

分布与习性 分布于欧亚大陆的温带区。在当地，11月至翌年4月越冬；成对或结小群活动；栖息于林地、花园及果园；通常惧生而安静。

摄影：付建智

摄影：李在军

雄鸟 / 摄影：刘月良

雌鸟 / 摄影：刘月良

黑尾蜡嘴雀

Yellow-billed Grosbeak
Eophona migratoria

L17 冬候鸟 ●●●●●

分类地位 燕雀科 Fringillidae 蜡嘴雀属 *Eophona*

形态特征 雄鸟：黄色嘴硕大而端黑色，具黑色头罩；整体沙褐色或偏灰色；胁部棕褐色；翼黑色且具白色小斑，翼尖白色。雌鸟：似雄鸟，头部黑色而头罩几无，仅嘴周染黑色。

分布与习性 分布于西伯利亚东部及朝鲜、日本南部、中国东部，越冬于中国南方。在当地，10月至翌年4月份越冬；栖息于林地、果园、公园绿地等疏林地；常成小群觅食柏树的种子。

黑头蜡嘴雀

Japanese Grosbeak
Eophona personata

L20 旅鸟 ●●●●●

分类地位 燕雀科 Fringillidae 蜡嘴雀属 *Eophona*

形态特征 雄雌同色，嘴黄色而无黑色，具黑色头罩。整体沙褐色。翼黑色且具白色小斑。

分布与习性 繁殖于西伯利亚东部及中国东北、朝鲜半岛北部、日本，越冬于中国南方。在当地，4~5月和9~11月常见；栖息于林地、果园、公园绿地等疏林地；较其他蜡嘴雀更喜低地；通常结小群活动；甚惧生而安静。

识别要点 与黑尾蜡嘴雀的区别在于嘴全黄色而无黑色，黑色头罩小，肋部无棕褐色，翼尖黑色。

雄鸟 / 摄影：李在军

雌鸟 / 摄影：李在军

长尾雀

Long-tailed Rosefinch
Uragus sibiricus

L17 冬候鸟 ●●●●●

分类地位 燕雀科 Fringillidae 长尾雀属 *Uragus*

形态特征 雄鸟：嘴短而粗厚，脸粉红色而耳羽染霜白色；上体褐色染红色，腰红色；下体粉红色，腹中央白色；翼具2道白色翼带；尾黑色而长，外侧白色。雌鸟：似雄鸟，但粉红色变为暗淡色，并多具纵纹。

分布与习性 分布于西伯利亚南部及哈萨克斯坦、中国北部及中部、朝鲜半岛北部、日本北部。在当地，11月至翌年3月常见；成鸟常单独或成对活动；栖息于近水的灌丛、农田以及芦苇地。

白头鹀

Pine Bunting
Emberiza leucocephalos

L17 冬候鸟 ●●○○○

分类地位 鹀科 Emberizidae
鹀属 *Emberiza*

> 鹀科 Emberizidae
> » 全世界有321种。中国有31种。黄河三角洲有16种。
> » 嘴形粗短，圆锥状，体背常具纵纹，尾羽外侧大多白色。

形态特征 雄鸟：头部栗红色，具白色顶冠纹、黑色侧冠纹，耳羽具月牙形大块白色斑；上体体背灰褐色且具黑色纵纹，下背及腰红褐色；下体喉红色；胸、胁具栗红色纵纹，喉、胸间具白色胸带，腹下白色。雌鸟：嘴灰蓝色而下嘴色淡；眉淡黄色沾污灰色，耳羽白色染污色，外缘黑色；上体淡红褐色，具黑色纵纹，腰红褐色；下体胸、胁具暗红色纵纹，腹下白色。

分布与习性 分布于西伯利亚的泰加林至中国西北及中北部。在当地，11月至翌年3月越冬，数量少，偶见；栖息于林缘、林间空地和农耕地、荒地及果园。

识别要点 雌鸟与短趾百灵相似，区别在于嘴灰蓝色，较粗圆；胸部具细纵纹，并延伸到胁部。

雄鸟 / 摄影：李在军

雄鸟 / 摄影：袁晓

雌鸟 / 摄影：李在军

摄影：陈建中

摄影：陈建中

灰眉岩鹀

Godlewski's Bunting
Emberiza godlewskii

L17 冬候鸟 ●○○○○

分类地位 鹀科 Emberizidae 鹀属 *Emberiza*

形态特征 雄鸟：头及前胸灰色，侧冠纹褐色，眉白色，贯眼纹于眼先黑色而于眼后褐色，颊纹黑色；上体红褐色且具黑色纵纹，腰红色；下体棕色且无纵纹；翼、尾黑色且具宽棕色羽缘，并常具2道白色翼斑。雌鸟：似雄鸟，但色淡，头顶杂有白色斑。

分布与习性 分布于西北非、南欧至中亚和喜马拉雅山脉。在当地为偶见冬候鸟，见于11月至翌年3月；喜灌丛、草地及农耕地。

三道眉草鹀

Meadow Bunting
Emberiza cioides

L16 留鸟 ●●●●●

分类地位 鹀科 Emberizidae 鹀属 *Emberiza*

形态特征 雄鸟：头顶红褐色，耳羽红褐色或黑色，具白色眉纹、白色颊纹与黑色颚纹3道纹；上体红褐色，体背具暗纵纹，腰栗红色；下体喉白色，具白色半颈环，胸、胁红色，腹白色。雌鸟：似雄鸟，但色较淡；耳羽淡褐色，头顶具细纵纹。

分布与习性 分布于西伯利亚南部、蒙古至中国北部及东部、日本。在当地为常见留鸟；栖息于农耕地、林缘地带；在繁殖季节，雄鸟常站于高处鸣叫；冬季体色偏灰褐色，成小群栖于灌木丛；夏季以蝗虫、棉铃虫等昆虫为食，冬季主食植物种子。

识别要点 头部斑纹与栗斑腹鹀的相似，但耳羽红褐色，下体栗红色，腹部无栗色斑块。

摄影：一梨膏雨

摄影：一梨膏雨

摄影：张永

红颈苇鹀

Ochre-rumped Bunting
Emberiza yessoensis

L15 旅鸟 ○?

分类地位 鹀科 Emberizidae 鹀属 *Emberiza*

形态特征 雄鸟（繁殖期）：头黑色，无白色的下髭纹；棕色的颈背与胁部相连，呈“S”形；上背黑色且具棕黄色纵纹，腰棕色。雌鸟（繁殖期）：棕色的头顶、颈背与胁部相连，呈大“S”形；眉纹棕黄色，耳羽棕褐色而缘黑色；喉白色。雄鸟（非繁殖期）：似雌鸟，但喉色深。

分布与习性 繁殖于日本、中国东北及西伯利亚的极东南部，越冬于日本沿海、朝鲜及中国东部。在当地，迁徙期经过，但鲜有记录，可能生境为芦苇地及低矮灌丛。

白眉鹀

Tristram's Bunting
Emberiza tristrami

L15 旅鸟 ●●●●●

分类地位 鹀科 Emberizidae 鹀属 *Emberiza*

形态特征 雄鸟：头黑色，喉黑色，具白色顶冠纹、眉纹及颊纹；上体红褐色，体背具黑色纵纹，腰棕色且无纵纹；下体胸、胁红褐色，具不明显纵纹，腹白色；尾红褐色，外缘白色。雌鸟：似雄鸟，但色暗；头部纹线似雄鸟的，耳羽褐色而外缘黑色，喉白色且具细纵纹；腰棕色，尾红褐色。

分布与习性 分布于中国东北及西伯利亚的邻近地区，越冬于中国南方。在当地，4~5月和9~11月常见，呈小群活动；栖息于浓密的灌木丛中。

识别要点 雄鸟与黄眉鹀的区别在于喉黑色，眉纹白色；雌鸟较田鹀少红色的颈背，下体无栗红色粗纵纹。

雄鸟 / 摄影：李在军

栗耳鹀

Chestnut-eared Bunting
Emberiza fucata

L16 旅鸟 ●●●●○

分类地位 鹀科 Emberizidae 鹀属 *Emberiza*

形态特征 雄鸟：头顶及后颈灰色，耳羽栗红色，颊纹白色，黑色髭纹融入胸环；上体红褐色且具纵纹；下体喉白色，胸白色并具黑色纵纹及2道栗色胸环；两胁棕色且具纵纹。雌鸟：似雄鸟，但羽色淡，胸无栗色胸环而仅有1道黑色纵纹胸环，且与黑髭纹相连。

分布与习性 分布于喜马拉雅山脉西段至中国、蒙古东部及西伯利亚东部，越冬于朝鲜和日本南部及中南半岛北部。在当地，4~5月和9~11月迁徙时可见；栖息于浓密的灌木丛、林缘及近水处树丛；常结成小群。

小鹀

Little Bunting
Emberiza pusilla

L13 冬候鸟 ●●●●●

分类地位 鹀科 Emberizidae 鹀属 *Emberiza*

形态特征 体小，雄雌同色。眼先与耳羽相连，栗红色，外缘黑色。眉皮黄色或白色。上体体背灰褐色，具黑色纵纹，腰棕色，具红褐色纵纹。下体白色，胸、胁具纵纹。夏羽体色灰褐色，侧冠纹黑色且粗；冬羽体色红褐色，侧冠纹红褐色。

分布与习性 繁殖在欧洲极北部及亚洲北部，越冬于印度东北部和中国及东南亚。在当地，11月至翌年4月常见；隐藏于浓密的草地、灌木丛及芦苇地，春季则聚于树上不停地鸣叫；以草籽为食。

摄影：丁洪安

摄影：单凯

雄鸟／摄影：李在军

雌鸟／摄影：丁洪安

黄眉鹀

Yellow-browed Bunting
Emberiza chrysophrys

L15　冬候鸟　●●●●●

分类地位　鹀科 Emberizidae　鹀属 *Emberiza*

形态特征　雄鸟：头黑色而喉白色，白色颊纹粗，眉纹前黄色而后白色；头顶后侧有白色细纹；耳羽褐色而缘黑色，具白色大点斑；下体白色，胸、胁棕褐色且有细纵纹；腰棕色且有淡色羽缘。雌鸟：同雄鸟，体色较淡，耳羽褐色；黑色下颊纹较散并融入胸部纵纹中。

分布与习性　繁殖于俄罗斯贝加尔湖以北，越冬在中国南方。在当地，11月至翌年3月常见；成大群活动；栖息于树林边缘、次生灌丛及沿海草地；落地觅食，受惊则飞到树上。

备　　注　当地常见为冬候鸟，以往资料记录的中国越冬区可能有误或越冬区已向北扩展。

田鹀

Rustic Bunting
Emberiza rustica

L14.5 冬候鸟 ●●●●●

分类地位 鹀科 Emberizidae 鹀属 *Emberiza*

形态特征 雄鸟：头黑色而喉白色，略具黑色羽冠；白色眉纹从眼部开始后延；上体红褐色，具黑色粗纵纹，腰红色并具独特的褐红色鳞纹；下体白色，胸红褐色形成1道胸带，胸、胁具红褐色粗纵纹。雌鸟：似雄鸟，但体色偏淡褐色；黑色羽冠变为褐色并具细纵纹。

分布与习性 繁殖于欧亚大陆北部，越冬于中国。在当地，11月至翌年3月常见；越冬于开阔地带、人工林地及公园；春季喜与小鹀结群鸣叫于农田及树林边缘的大树上；于草地中觅食植物种子。

识别要点 具红褐色胸带，胁具红褐色粗纵纹，腰红色并具独特的褐红色鳞纹，可区别于其他鹀。

摄影：丁洪安

摄影：陈建中

雄鸟/摄影：刘月良

雌鸟/摄影：付建智

雌鸟/摄影：刘庆堂

黄喉鹀

Yellow-throated Bunting
Emberiza elegans

L15 冬候鸟 ●●●●●

分类地位 鹀科 Emberizidae 鹀属 *Emberiza*

形态特征 雄鸟：喉黄色，侧冠纹黄色，脸部具黑色脸罩，羽冠黑褐色；上体红褐色而腰灰色，尾黑褐色，外侧白色；下体白色，胸具黑色三角形胸块，胁具红褐色细纹。雌鸟：似雄鸟，体色较淡；无胸块；喉淡黄色；脸罩淡褐色；羽冠淡褐色；侧冠纹淡黄色；具白色颊纹。

分布与习性 不连贯分布于中国中部和中国东北、朝鲜及西伯利亚东南部。在当地，9月至翌年5月滞留常见，有大量越冬及迁徙停歇种群；分布于公园、村庄附近、果园等环境中；常成小群栖于棉花地以及树林的灌木丛中，并发出流水似的鸣叫声。

黄胸鹀

Yellow-breasted Bunting
Emberiza aureola

L15 旅鸟 ●●●●●

分类地位 鹀科 Emberizidae 鹀属 *Emberiza*

形态特征 雄鸟（繁殖期）：顶冠及颈背栗色，脸及喉黑色；上体栗红色且具纵纹，腰栗红色；下体鲜黄色，具黄色的领环与栗色胸带，胁具黑色纵纹；翼具白色肩斑及翼带。雄鸟（非繁殖期）：下体鲜黄色，仅具1道栗色胸带，耳羽黄褐色而外缘黑色。雌鸟：眉纹黄白色，耳羽黄褐色；上体淡黄色且具黑色纵纹；下体包括喉部黄色，无栗色胸带，胁具纵纹；翅具2道狭窄翼带。

分布与习性 繁殖于西伯利亚至中国东北，越冬于中国南方及东南亚。在当地，4~5月和8~10月常见；栖于稻田、芦苇地、高草丛中。

雄鸟 / 摄影：丁洪安

雌鸟 / 摄影：丁洪安

雄鸟 / 摄影：李在军

雄鸟/摄影：李在军

雌鸟/摄影：胡玉花

栗鹀

Chestnut Bunting
Emberiza rutila

L15 旅鸟 ●●●●●

分类地位 鹀科 Emberizidae 鹀属 *Emberiza*

形态特征 雄鸟：头、上体及胸栗色而腹部黄色，胁有不明显细纵纹；腰栗红色。雌鸟：下体黄色，胸、胁具黑色细纵纹；腰棕红色并有淡色羽缘；无翼斑，尾部无白色外缘。

分布与习性 繁殖于西伯利亚南部，越冬于中国南方及东南亚。在当地，4~5月和9~10月常见；常成对见于树林、庄稼地及低矮灌丛中。

识别要点 雌鸟与雌性灰头鹀的区别在下体黄色，腰棕红色；与黄胸鹀、灰头鹀等的区别在于下体黄色而胁具黑色纵纹，腰棕红色，无白色翼斑或尾部白色边缘等。

灰头鹀

Black-faced Bunting
Emberiza spodocephala

L14 旅鸟 / 冬候鸟 ●●●●●

分类地位 鹀科 Emberizidae 鹀属 *Emberiza*

形态特征 雄鸟：头、颈、胸灰色，眼先及颏黑色，无眉纹；下体淡黄色或白色，胸侧及两胁具纵纹。雌鸟：上体褐灰色，淡眉纹不明显，颊纹皮黄色，耳羽偏灰色；下体淡黄色，胸、胁具纵纹，胸部显污色。

分布与习性 繁殖于西伯利亚至日本及中国东北和中西部，越冬于中国南方。在当地，有2个亚种：指名亚种为旅鸟，常见于4~5月和9~10月；日本亚种为冬候鸟，常见于11月至翌年3月；栖于芦苇地、灌丛及林缘。

雄鸟 / 摄影：李在军

雌鸟（日本亚种）/ 摄影：刘月良

雌鸟（指名亚种）/ 摄影：刘月良

芦鹀

Reed Bunting
Emberiza schoeniclus

L15 冬候鸟 ●●●●●

分类地位 鹀科 Emberizidae 鹀属 *Emberiza*

形态特征 雄鸟（繁殖期）：头黑色，白色颊纹与白色颈环相连，嘴黑色而呈圆凸形，无眉纹；上体棕色且具纵纹，小覆羽棕色；下体白色。雄鸟（非繁殖期）：似繁殖羽，但头黑色退去，耳羽褐色，有皮黄色眉纹；腰棕色。雌鸟：似非繁殖期雄鸟，头部无黑色而是棕色。

分布与习性 分布于古北界。在当地，10月至翌年3月越冬；有时同苇鹀混群；喜灌丛、近水芦苇丛。

识别要点 与苇鹀相似，区别在于上嘴圆凸形而非平直，小覆羽棕色，体羽显红棕色。

苇鹀

Pallas's Bunting
Emberiza pallasi

L14 冬候鸟 ●●●●●

分类地位 鹀科 Emberizidae 鹀属 *Emberiza*

形态特征 雄鸟（繁殖期）：头黑色，白色颊纹与白色颈环相连，上嘴平直，无眉纹；上体蓝灰色且具纵纹，腰灰白色；小覆羽灰色；下体白色，胸及两胁沾棕色。雄鸟（非繁殖期）：耳羽黄褐色染黑色，眉纹模糊不清；上体黄褐色，体背具纵纹，腰灰白色；下体沙皮黄色，胸及两胁沾棕色。雌鸟：似非繁殖期雄鸟，耳羽、头沙棕色，眉棕白色而不明显；喉白色，颊纹白色而粗；上体沙棕色、下体白色。

分布与习性 不连贯分布，北方高山繁殖区于俄罗斯及西伯利亚，南方繁殖区于西伯利亚南部及蒙古北部，冬季南迁。在当地，见于10月至翌年5月，为越冬及迁徙种群；经常在收获过的棉花地里成群觅食，尤喜近水的芦苇丛。

识别要点 与芦鹀的区别在于上嘴形平直而非凸形，小覆羽灰色，体羽显灰色。

摄影：中易水寒

摄影：陈建中

铁爪鹀

Lapland Longspur
Calcarius lapponicus

L16 旅鸟 ●○○○○

分类地位 鹀科 Emberizidae 铁爪鹀属 *Calcarius*

形态特征 雄鸟（繁殖期）：嘴黄色而尖黑色；脸及胸黑色，颈背棕色，头侧具白色的"之"字形图纹；上体污黑色，下体胸、胁黑色，腹白色；深褐色脚短，显体型矮实，后趾及爪甚长。雌鸟（繁殖期）：上体红褐色且具纵纹，眉纹皮黄色，颈背及大覆羽红褐色，侧冠纹略黑色，胁具纵纹；翼具2道翼斑。雄鸟（非繁殖期）：似雌鸟，但体色较黄色，胸部具点斑而显污色。

分布与习性 繁殖于北极区的苔原冻土带，越冬于南方的草地及沿海地区。在当地为偶见旅鸟，见于4~5月和11月；群栖，并常与云雀混群；于地面奔跑、行走或跳动。

参考文献

柏玉山昆,纪加义. 1982. 山东省鸟类调查报告. 山东大学学报: 自然科学版, (4): 104-108.

纪加义, 于新建, 姜广源, 等. 1987. 山东省鸟类调查名录. 山东林业科技, (1): 32-44.

纪加义, 于新建, 张树舜. 1987. 山东省珍稀野生动物调查研究. 山东林业科技, (1): 22-31.

贾建华, 田家怡. 2003. 黄河三角洲湿地鸟类名录. 海洋湖沼通报, (1): 77-81.

刘小如, 丁宗苏, 方伟宏, 等. 2010. 台湾鸟类志. 台北: 行政院农业委员会林业局.

卢浩泉, 王玉志. 2003. 山东鸟类名录的补充修订与鸟类保护. 山东林业科技, (1): 29-31.

马敬能, 等. 2000. 中国鸟类野外手册. 长沙: 湖南教育出版社.

赛道建, 王禄东, 刘相甫, 等. 1992. 黄河三角洲鸟类研究. 山东林业科技, (3): 59-64.

日本野鸟协会. 1990. 中国鸟类学文献大全. 东京: 日本野鸟会.

田家怡. 1999. 黄河三角洲鸟类多样性研究. 滨州教育学院学报, (5): 35-42.

许维枢, 王玢莹, 程学义, 等. 1996. 中国野鸟图鉴. 台北: 翠鸟文化事业有限公司.

赵延茂,宋朝枢. 1995. 黄河三角洲自然保护区科学考察集. 北京:中国林业出版社, 115-133.

赵正阶. 2001. 中国鸟类志. 长春: 吉林科技出版社.

郑光美. 2011. 世界鸟类分类与分布名录. 北京:科学出版社.

郑光美. 2011. 中国鸟类分类与分布名录: 第二版. 北京:科学出版社.

郑作新. 1994. 中国鸟类种和亚种分类大全. 北京: 科学出版社.

中国观鸟年报编辑. 2010. 中国观鸟年报—中国鸟类名录: 1.0.1版. http://www.China bird-net.org/document/china_bird_list_jun2010.pdf.

Cheng Tso-hsin. 1987. A Synopsis of the Avifauna of China. Beijing: Science Press & Paul Parey Scientific Publishers.

John Marchant, Tony Prater, Peter Hayman and Peter Hayman. 1986. Shorebirds: An Identification Guide to the Waders of the World. London: Croom Helm.

Peter Hayman, John Marchant and Tony Prater. 1986. Shorebirds. London: Christopher Helm A & C Black.

学名索引

A

E

F

G

R

英文名索引

D

E

F

G

中文名索引

Z